高职高专实验实训"十三五"规划教材

热轧无缝钢管生产实训指导

主　编　张秀芳　柴书彦
副主编　刘均贤　臧焜岩

U0352944

北　京
冶金工业出版社
2017

内 容 提 要

　　本书共分 8 章，主要内容包括斜轧穿孔工具设计，钢管生产操作规程，钢管连轧生产项目训练，热轧无缝钢管虚拟仿真生产实训，金属压力加工实训，热处理、力学性能、金相检测综合实训，轧钢仿真操作实训工作单，轧钢机实物操作。

　　本书为高职高专材料成型与控制技术专业的教材（配有教学课件），也可作为钢管生产企业在职职工的培训教材，以及轧钢工职业技能鉴定的参考书。

图书在版编目（CIP）数据

　　热轧无缝钢管生产实训指导/张秀芳，柴书彦主编．
—北京：冶金工业出版社，2017.4
　　高职高专实验实训"十三五"规划教材
　　ISBN 978-7-5024-7396-9

　　Ⅰ.①热…　Ⅱ.①张…　②柴…　Ⅲ.①热轧—无缝钢管—高等职业教育—教学参考资料　Ⅳ.①TG335.71

　　中国版本图书馆 CIP 数据核字（2017）第 075033 号

出 版 人　谭学余
地　　　址　北京市东城区嵩祝院北巷 39 号　邮编　100009　电话　(010)64027926
网　　　址　www.cnmip.com.cn　电子信箱　yjcbs@cnmip.com.cn
责任编辑　俞跃春　杜婷婷　美术编辑　杨　帆　版式设计　葛新霞
责任校对　禹　蕊　责任印制　李玉山
ISBN 978-7-5024-7396-9
冶金工业出版社出版发行；各地新华书店经销；三河市双峰印刷装订有限公司印刷
2017 年 4 月第 1 版，2017 年 4 月第 1 次印刷
148mm×210mm；4.625 印张；133 千字；131 页
22.00 元
冶金工业出版社　投稿电话　(010)64027932　投稿信箱　tougao@cnmip.com.cn
冶金工业出版社营销中心　电话　(010)64044283　传真　(010)64027893
冶金书店　地址　北京市东四西大街 46 号(100010)　电话　(010)65289081(兼传真)
冶金工业出版社天猫旗舰店　yjgycbs.tmall.com
（本书如有印装质量问题，本社营销中心负责退换）

天津冶金职业技术学院冶金技术专业群及
环境工程技术专业"十三五"规划教材编委会

编委会主任

孔维军（正高级工程师）　天津冶金职业技术学院教学副院长
刘瑞钧（正高级工程师）　天津冶金集团轧一制钢有限公司副总经理

编委会副主任

张秀芳（教授）　　　　　天津冶金职业技术学院冶金工程系主任
张　玲（正高级工程师）　天津冶金集团无缝钢管有限公司副总经理

编委会委员

天津冶金集团天铁轧二有限公司：刘红心
天津钢铁集团：高淑荣
天津冶金集团天材科技发展有限公司：于庆莲
天津冶金集团轧三钢铁有限公司：杨秀梅
天津冶金职业技术学院：于　晗　刘均贤　王火清　臧焜岩
　　　　　　　　　　　董　琦　李秀娟　柴书彦　杜效侠
　　　　　　　　　　　宫　娜　贾寿峰　谭起兵　王　磊
　　　　　　　　　　　林　磊　于万松　李　敩　李碧琳
　　　　　　　　　　　冯　丹　张学辉　赵万军　罗　瑶
　　　　　　　　　　　张志超　韩金鑫　周　凡　白俊丽

序

2016 年是"十三五"开局年，我院继续深化教学改革，强化内涵建设。以冶金特色专业建设带动专业建设，完成了冶金技术专业作为中央财政支持专业建设的项目申报，形成了冶金特色专业群。在教学改革的同时，教务处试行项目管理，不断完善工作流程，提高工作效率；规范教材管理，细化教材选取程序；多门专业课程，特别是专业核心课程的教材，要求其内容更加贴近企业生产实际，符合职业岗位能力培养的要求，体现职业教育的职业性和实践性。

我院还与天津市教委高职高专处联合召开"天津市高职高专院校经管类专业教学研讨会"，聘请国家高职高专经济类教学指导委员会专家作专题讲座；研讨天津市高职高专院校经管类专业教学工作现状及其深化改革的措施，对天津市高职高专院校经管类专业标准与课程标准设计进行思考与探索；对"十三五"期间天津高职高专院校经管类专业教材建设进行研讨。

依据研讨结果和专家的整改意见，为了推动职业教育冶金技术专业教育改革与建设，促进课程教学水平的提高，我们组织编写了冶炼、轧制等专业方向职业教育系列教材。编写前，我院与冶金工业出版社联合举办了"天津冶金职业技术学院'十三五'冶金类教材选题规划及教材编写会"，并成立了"天津冶金职业技术学院冶金技术专业群及环境工程技术专业'十三五'规划教材编委会"，会上研讨落实了高职高专规划教材及实训教材的选题规划情况，以及编写要点与侧重点，突出国际化应用，最后确定了第一批规划教材，即汉英双语教材《连续铸钢生产》、《棒线材生产》、《热轧无缝钢管生产》、《炼铁生产操作与控制》四种，以及《金属塑性变形与轧制技术》、《轧钢设备点检技术应用》、《钢丝生产工艺及设备》、《热轧无缝钢管生产实训指导》、《中厚板生产与实训》、《大气污染控制技术》、《水污染控制技术》和《固体废物处理处置》等教材。这些教材涵盖了钢铁生产、环境保护主要岗位的操作知识及技能，所具有的突出特点是理实结合、注重实践。编写人员是有着丰富教学与实践经验的教师，有部分参编人员来自企业生产一线，他们提供了可靠的数据和与生产实际接轨的新工艺新技术，保证了本系列教材的编写质量。

本系列教材是在培养提高学生就业和创业能力方面的进一步探索和发展，符合职业教育教材"以就业和培养学生职业能力为导向"的编写思想，对贯彻和落实"十三五"时期职业教育发展的目标和任务，对学生在未来职业道路中的发展具有重要意义。

天津冶金职业技术学院　教学副院长　孔维军

2016 年 4 月

前　言

本书参照冶金行业职业技能标准，以校内实训基地和校外实训基地为基础，根据冶金企业的生产实际和岗位群的技能要求编写。本书作为材料成型与控制技术专业实训课程的培训用书，在具体内容的组织安排上，力求简明、通俗易懂，理论联系实际，着重应用，使学员掌握钢管生产的相关理论知识点和操作技能。

本书主要内容包括斜轧穿孔工具设计、钢管生产操作规程、钢管连轧生产项目训练和热轧无缝钢管虚拟仿真生产实训。

本书由张秀芳、柴书彦担任主编，刘均贤、臧焜岩担任副主编。本书第1章由柴书彦老师编写，第2章由张秀芳老师编写，第3章由天津钢管集团股份有限公司韩建新工程师编写，第4章由刘均贤老师编写，第5章由贾寿峰老师编写，第6章和第7章由王磊老师编写，第8章由臧焜岩老师编写。全书由刘联会、孔维军老师审阅。统稿由张秀芳老师完成。在编写过程中得到教务处、冶金系老师们的大力支持，在此表示感谢。

本书配套教学课件读者可从冶金工业出版社官网（http：//www. cnmip. com. cn）教学服务栏目中下载。

由于编者水平所限，书中不妥之处，敬请读者批评指正，以便及时改正和补充完善相关内容。

作者
2016 年 6 月

目　录

1　斜轧穿孔工具设计

穿孔是在轧辊、导板(导盘)和顶头组成的环形孔型中完成的,因此穿孔工具,包括轧辊、导板和顶头的设计决定了穿孔过程能否顺利进行,并影响穿孔产品的产量、质量和消耗。一个好的工具设计应当达到产品的高产、优质和低消耗,具体地说,工具设计的要求有:

(1) 获得符合要求的几何形状和尺寸;

(2) 良好的内外表面质量;

(3) 咬入方便,轧制稳定;

(4) 生产率高;

(5) 单位产品重量的能耗小;

(6) 工具磨损均匀耐用。

工具设计的主要内容包括确定工具形状和主要尺寸、选择工具材质并制订技术要求。

1.1　斜轧穿孔的顶头设计

1.1.1　顶头形状构成

顶头是穿孔工序重要的内变形工具,对毛管内表质量和壁厚都有重要影响。图 1-1 所示是常见的斜轧穿孔球面顶头,其构成一般包括 4 部分:

(1) 穿轧锥是主要进行加工的部分。

(2) 均壁锥的主要作用是均整毛管壁厚,一般取为直线段,并且应与轧辊相应工作母线间形成等距缝隙。

(3) 反锥在顶头末端略带一定反向锥度,以免划伤毛管的内表

面，对于在穿孔时自由松动配合的顶头其反锥较长［见图 1-1
（b）］，目的是使其单独放置在导板上时轴线保持水平。

（4）鼻尖的作用是改变金属的流向，在顶头尖部形成间隙不与
炽热的金属直接相接，有利于减缓尖部磨损，以提高使用寿命。

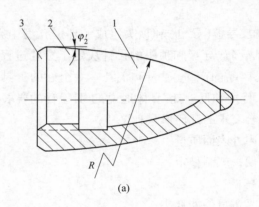

(a)

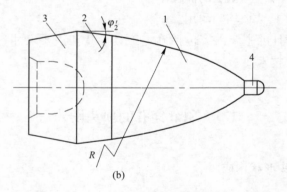

(b)

图 1-1　斜轧穿孔的球面顶头

（a）水内冷固接顶头；（b）水外冷可拆松动连接顶头

1—穿孔锥；2—均壁锥；3—反锥；4—鼻尖

1.1.2　顶头直径的设计

顶头直径轧制表中的公式确定：

$$D_t = d_m - \Delta d_k$$

一次穿孔时

$$\Delta d_k \approx (0.075 - 0.00135\delta_m) D_p \quad 或 \quad \Delta d_k = \frac{D_m}{5\sqrt{\delta_m}}$$

式中 d_m，D_m，δ_m——毛管内径、外径及壁厚，mm；

Δd_k，D_p——毛管内扩径量和管坯直径，mm。

一般应根据管坯和毛管的尺寸，确定顶头直径，但为了便于生产管理和降低成本，一般对顶头直径规格适当简化，并形成顶头直径系列。

1.1.3 鼻部尺寸的确定

鼻部直径应大致等于穿孔准备区中管坯中心疏松区直径，并与管坯定心孔尺寸相对应（略小于定心孔直径），鼻部直径为

$$d_0 = (0.15 \sim 0.25) D_p$$

顶头鼻部长度 l_0 为

$$l_0 = (0.8 \sim 1.0) d_0$$

为简化顶头和定心规格，一组顶头应采用统一的 d_0 值。同时，为减少阻力和改善二次咬入条件，d_0 值不宜过大，即大直径的顶部鼻部直径也不大于 $\phi35\text{mm}$。

1.1.4 顶头穿孔锥尺寸的确定

顶头穿孔锥的作用是负责管坯穿孔和毛管减壁，穿孔锥长度 L_1 要选择适当，过短或过长都会使顶头阻力增大，过长还易引起轧卡故障。通常 L_1/D_t 值为 $1 \sim 2.5$，大直径顶头取小的数值，采用大喂入角穿孔时，L_1 值应比正常使用顶头的 L_1 值大 $20\% \sim 30\%$，这样可减少顶头磨损和烧坏的情况，提高顶头寿命。

如图 1-2 所示，直径 D_1 和穿孔锥轮廓线的圆弧半径 R 可按几何关系求得：

$$D_1 = D_t - 2L_2\tan\varphi_2$$

$$R = \frac{\left[\,(D_1 - R_1)^2 + 4L_1^2\,\right]}{\left[\,4(D_1 - R_1)\cos\varphi_2 - 2L_1\sin\varphi_2\,\right]}$$

式中　φ_2——顶头平整段锥角。

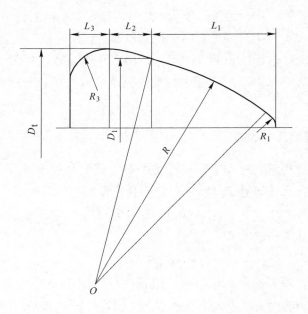

图 1-2　顶头穿孔锥圆弧 R 确定示意图

1.1.5　均壁锥的设计

一般来说，顶头均壁锥应与轧辊出口锥值相等，以保证穿孔后的毛管壁厚均匀。但由于喂入角的影响，实际轧辊出口锥与轧制线交角大于轧辊出口锥角，因此为弥补喂入角 β 的影响，在顶头均壁锥设计时应适当加大均壁锥角，以保证所轧毛管的质量。

均壁锥（碾轧锥）长度 L_2 应保证毛管任一点金属都在变形区均壁锥段至少受到一次以上的加工，确保均壁效果。一般有：

$$L_2 = (1.5 \sim 1.75)Z_{ch}$$

式中　Z_{ch}——毛管在变形区出口时 $1/n$ 转螺距，mm。

1.1.6　顶头反锥尺寸的确定

反锥长 L_3 和半径 R_3 随顶头类型而定，一般非更换式顶头的 L_3 值为 $5 \sim 15 m$，更换式顶头由于要利用反锥起平衡作用，故 L_3 取 $30 \sim 50 mm$。顶头后端直径一般至少比顶头直径小 5%，否则顶头不易从毛管中脱出。

1.1.7　顶头材质

顶头材质性能日益提高，因此关于顶头合理轮廓曲线的研究又引起了人们的兴趣。顶头材料要求具有良好的高温强度和耐磨性、良好的导热性、耐激冷、激热性。目前常用的顶头材料有 $3Cr_2W_8$、$20CrNi_3A$，穿制高温高强度的材料时多采用钼基合金 Mo-0.5Ti-0.02C。

 # 习　题

1-1-1　阐述顶头的类型及材质。
1-1-2　顶头有哪几部分组成？简述其主要参数的确定方法。

1.2　斜轧穿孔的轧辊设计

图 1-3（a）所示为目前常见的桶形辊穿孔机辊型图，分为曳入锥、辗轧锥和压缩带三部分。轧辊压缩带和导板或导盘构成的孔型一般称之为孔喉，它的位置只要使曳入锥能满足必要的径向压缩率要求、保证轧制稳定即可，不必过后。使辗轧锥在可能的条件下长一些，这将有利于提高毛管壁厚的均匀性和内外表面质量。

1.2.1　轧辊直径

在确定斜轧轧辊压缩带的直径 D 时，首先要考虑毛管表面质量和

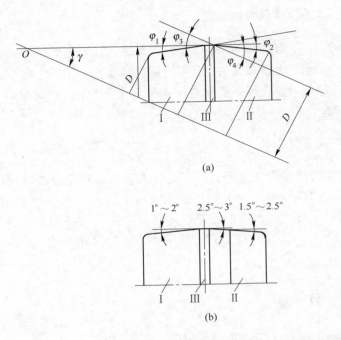

图 1-3　桶形辊和锥形辊的辊型

（a）桶形辊；（b）锥形辊

咬入条件,然后再校核其强度。试验证明,辊径与最大轧制坯料外径比必须大于3.5,不然会在毛管表面造成螺旋分布的断续"辊痕",形成类似外折叠的缺陷。为了提高轧制过程的稳定性,改善大喂入角轧制条件下的咬入和送出能力,迫使斜轧穿孔的辊径日益增加。目前,实际的辊径与最大坯料直径比为3.5~7.5,小型机组为6~7.5,中型机组为4.5~5.0,大型机组为4.0左右,大型机组因受到空间结构尺寸上的限制取下限。加大轧辊直径会使轧制力参数增加,并有因接触宽度的增加而助长内撕裂的可能,因此轧辊直径必须适当。

1.2.2　轧辊辊身长度

辊身长度 L 要依据穿孔工艺对管坯压缩量和毛管外扩径量的要

求确定。

辊身长度 L 应比要求的最长变形区大 $100 \sim 200 \mathrm{mm}$，一般辊身长约为最大辊径的 $55\% \sim 70\%$，新轧机有加长的趋势，多取上限。

轧制带长度与 φ_1、φ_2 无关，一般为 $0 \sim 20 \mathrm{mm}$。当 φ_1、φ_2 均较小时，轧制带长度可取为 0，两锥间用大圆弧过渡。

目前应用的辊型是多种多样的，其中最常用的有以下 4 种：

（1）$L_1 = L_2$，$\varphi_1 = \varphi_2$；

（2）$L_1 = L_2$，$\varphi_1 < \varphi_2$；

（3）$L_1 < L_2$，$\varphi_1 > \varphi_2$；

（4）$L_1 < L_2$，$\varphi_1 < \varphi_2$。

第一种方案适用于等径穿孔，是目前小型机组较常用的；第二种适用于扩径穿孔；第三种方案加长 L_2，并相应减小 φ_2，以充分利用辊身改善毛管的质量；第四种方案适用于小管径穿制大直径的毛管这种需加大扩径的情况。

1.2.3 辊面锥角

正确确定辊面锥角是辊形设计好坏的关键，按咬入条件入口辊面锥角 φ 宜小不宜大，只要能满足生产规格范围的径向压缩率要求即可。喂入角小于 13°时，斜轧穿孔机入口辊面锥角多为 3° ~ 3.5°；喂入角在 13°以上时，因为入口辊面相对轧制线的实际张角 φ_1' 随喂入角的增大而增加，所以入口辊面锥角 φ_1 需相应减小，如图 1-3（b）所示。

辗轧锥辊面锥角 φ_2 主要考虑毛管扩径量的要求，一般不宜取高，以免过分扩径增加表面出现缺陷的概率。如采用毛管外径与管坯外径大致相等的等径穿孔原则，皆取 $\varphi_1 = \varphi_2$，如扩径需要也可取 $\varphi_2 = \varphi_1 + (1° \sim 2°)$。大喂入角轧制时因为辗轧锥辊面相对轧制线的张角比实际的辊面锥角大，缩短了变形区长度，削弱了抛出力易发生后卡，因而采取多锥度辊型，距离轧辊回转中心越远一般锥角应越小，如图 1-3（b）所示。

　　锥形辊辊型辊面相对轧辊轴线的辊面锥角 $\varphi_3 = \gamma + \varphi_1$，$\varphi_4 = \gamma - \varphi_2$，其中 φ_1、φ_2 为辊面相对轧制线的张角，γ 为辗轧角。大喂入角时，辊面相对轧制线的张角 φ_1、φ_2 也应加以修正。

1.2.4　辊端圆角

　　端面圆角半径 R_1 和 R_2 一般为 15~25mm 或取为辊身长的 2%~3%，一般情况下，L/D 值为 0.55~0.8，大喂入角的穿孔机为 0.6~1.0mm，大机组取小的系数。

1.2.5　轧辊材质

　　斜轧机轧辊的材料选择既要有一定的耐磨性，又要求有较高的摩擦系数，以利于咬入和抛出轧件。这一点对斜轧穿孔更为突出，所以辊面硬度受到一定限制。目前多采用 55Mn、65Mn 以及 55 钢为材料的锻钢辊或铸钢辊，热处理后的辊面硬度为 HB141~184。

 习　题

1-2-1　阐述二辊斜轧穿孔的设备构成。
1-2-2　阐述二辊斜轧穿孔变形区的构成。

1.3　斜轧穿孔的导向装置设计

1.3.1　导板设计

　　导板是两辊斜轧穿孔机的导向装置之一，导板不仅能限制横向变形，增加孔型的封闭性，保证钢管的内表面质量，而且在一定程度上也影响金属的运动学和动力学。设计导板时，应以同外径的薄壁管为准，因为薄壁管材要求导板与辊面吻合得更好。

　　图 1-4 所示是穿孔机导板的结构，它与轧辊的相对位置如图 1-5

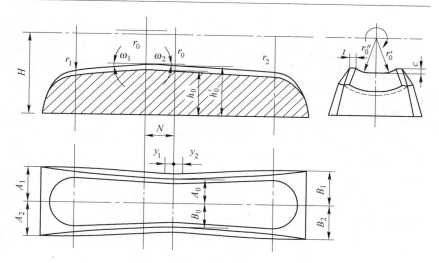

图 1-4 两辊斜轧穿孔机的导板

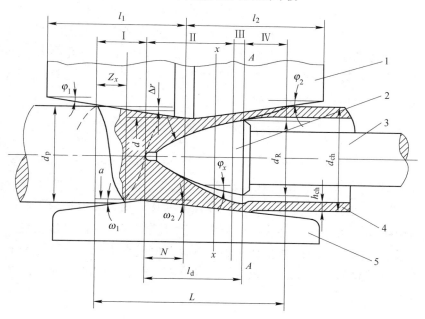

图 1-5 二辊斜轧穿孔变形区

1—轧辊；2—顶头；3—顶杆；4—轧件；5—导板

所示。设计主要确定进、出口斜面的倾角 ω_1、ω_2，以及导板中间过渡带相对轧辊压缩带的距离。导板横截面形状沿轧件运行轴线的变化，主要根据与辊面密切吻合的要求，完全按空间几何关系推导。导板过渡带一般相对轧辊压缩带向入口方向前移一定距离 N，对碳钢和低合金钢其值大致与顶尖超前量相近。实践证明，这样配置能提高滑动系数，降低能耗，提高导板使用寿命。但对低塑性高合金钢为控制轧辊压缩带的椭圆度，一般将导板前移量 N 取得小些，或将过渡带做成一定长度的平段。

入口斜面的倾角 ω_1 应本着轧件先与轧辊接触 1~2 个单位螺距后再与导板相遇的原则确定，以免发生前卡。小型机组的导板大多设有入口斜面。按上述考虑，由图 1-5 可知，导板入口斜面倾角 ω_1 为

$$\omega_1 = \arctan \frac{(d_{\mathrm{p}} - \alpha) \tan \varphi_1}{d_{\mathrm{p}} - d - 2[(1 \sim 2) z_x + N] \tan \varphi_1}$$

导板出口斜面的倾角 ω_2 主要是控制变形区各断面的椭圆度，同时必须考虑在毛管内表面脱离顶头之前，外表面必须离开导板，防止后卡。在极限条件下应在图 1-5 的 A—A 剖面位置上，毛管内、外表面分别与顶头、导板脱离。据此 ω_2 为

$$\omega_2 = \arctan \frac{2d_{\mathrm{ch}} - (d_{\mathrm{R}} + 2h_{\mathrm{ch}}) - \alpha}{2l_{\mathrm{d}}}$$

导板工作面凹坑深 C 一般取 5~30mm，边宽 t 取 6~15mm，工作面圆弧半径一般在旋转毛管金属进入导板一侧的半径 r_0' 等于 $0.5d_{\mathrm{p}}$。在金属离开导板一侧的半径 r_0'' 等于 $0.75d_{\mathrm{p}}$，导板出口工作面圆弧半径 r_2 等于 $0.8 \sim 1.0d_{\mathrm{ch}}$。导板长度无需过长，能满足最大变形区长度要求即可。其他参数完全按空间几何关系推导。导板在变形区的安装位置，应靠近旋转毛管金属流进导板一侧的辊面，以防轧卡。

1.3.2　导盘设计

导盘也是两辊斜轧穿孔机的导向装置之一，由于其工作性能的

优越性，因此在两辊斜轧穿孔机上应用广泛，图1-6所示为导盘与轧辊的装配关系，由几何关系求得：

$$H = D + b - \Delta_r - \Delta_{ch} - \sqrt{R^2 - \left(\frac{a}{2} - h_r\right)^2} - \sqrt{R^2 - \left(\frac{a}{2} - h_{ch}\right)^2}$$

由此可知，辊距越小、孔喉椭圆度越小、R 越大，盘体厚度越薄。所以，一般应用最小辊距、最小孔喉椭圆度和最大辊径的条件设计导盘厚度，以利于操作调整。

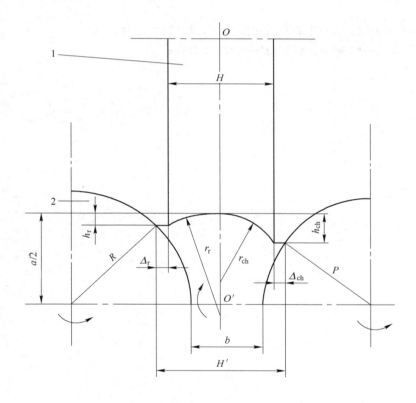

图1-6 导盘与轧辊的装配关系

1—导盘；2—轧辊

为保证足够的变形区长度，导盘外径取轧辊压缩带直径的 1.5 ~

2.0 倍，导盘的工作表面取双半径构成，r_r 取生产管坯最小直径的 0.7 倍，r_{ch} 取 0.5 倍。采用单半径工作表面运转时振动较大。宝山钢管公司 ϕ140mm 连续轧管机组的穿孔机导盘直径取孔喉辊径的 1.6 ~ 1.7 倍，孔喉椭圆度取 1.09，Δ_r 取 2 ~ 3mm，$\Delta_{ch} \geqslant \Delta_r$，$h_{ch} = 24$mm，$h_r = 21$mm，导盘工作表面用双半径构成。

 ## 习 题

1-3-1　阐述二辊斜轧穿孔导板的构成及主要参数确定方法。

1-3-2　阐述二辊斜轧穿孔导盘和轧辊的装配关系。

2 钢管生产操作规程

2.1 原料准备岗位操作规程

2.1.1 岗位规范

2.1.1.1 操作工岗位职责

（1）遵守纪律、制度，服从领导分配。

（2）努力工作，保质保量完成生产任务。

（3）遵守工艺纪律，按工艺或操作规程进行操作。

（4）注意产品质量，一定要做好自行首检，配合检验员做好过程检验，绝不让不合格品流入下道工序。

（5）爱护机器设备，上班后先检查设备，确认设备正常时再投料生产。生产过程要认真仔细地操作，发现异常情况及时向班组长或车间主任报告。

（6）安全、文明生产。上班时要穿好工作服、戴好防护用品；下班前要清扫设备和周围卫生，整理工具。爱护公物，如有损坏、丢失、浪费要负责赔偿。

（7）坚守岗位，不允许串岗。

（8）发扬团结友爱、互助协作精神。

（9）努力学习科学文化知识，不断提高操作技能，积极向领导提出合理化建议。

2.1.1.2 人员基本素质要求

（1）要熟悉本机组的设备组成情况、技术性能及热轧无缝管的工艺流程。

（2）掌握管坯存放、出库、称重、上料的方法，并能对轧制表校验。

（3）掌握管坯头尾冷定心及锯切分段一般方法。

（4）掌握各个设备的操作程序和操作方法。

（5）身体健康、反应机敏、责任心强。

（6）在上岗前要通过三级安全培训及专业培训，经考核合格后方可执证上岗。

2.1.2　设备安全确认

（1）遵守轧管厂通用安全操作规程。

（2）生产过程中要注意本区域设备的环境，避免出现安全事故。

（3）设备检修时应执行挂牌制度及点检员、操作工双方确认制度。

（4）在设备检修过程中要及时和检修人员联系，在配合检修动用设备时要和点检人员联系好，确认无人时方可操作设备。

（5）在天车运行时不要站在运行中的天车下方。

（6）定心和锯切机在线使用时，人员不得进入危险区域。

（7）不得空岗。

2.1.3　岗位基本操作

（1）天车操作如下：

1）天车工必须是年满18周岁的健康人经过技术培训考试合格领取操作证方可单独操作。

2）上班时劳保用品必须穿戴齐全，带好工具进行详细车检，对电铃制动器、钢丝绳吊钩和上升限位做重点检查并进行试车，发现问题及时处理汇报。

3）开车送电必须打预备铃，观察车上下是否有人或障碍物，观察相临天车情况，工作中绝对听从地面人的正确指挥。

4）工作时要精力集中，禁止酒后开车，不准做与本职工作无关的事情。

5）操作时应合理搬动控制器手柄，除两手外不得用身体其他部位操作控制器，不准用限位做停车手段。

6）当指挥人员发出信号自己不能确认时，应打铃询问确认信号与指挥意图一致时方能开车。

7）运行中发现异常现象或任何人发出的紧急停车信号都必须立即停车，查不出问题不得动车。

8）严禁吊物从地面人员和设备上方通过，要按地面规定的路线运行，遇人要打铃，不能用吊具和地面人员开玩笑。

9）天车运行时上下车人员必须与操作工联系，不允许擅自上下车。

10）电磁盘工作区五米内禁止有人走动、工作。

11）禁止电磁盘吸吊连接或埋在地下的物件或在地磅上吊废钢，不得在行人和设备上方运行。

12）禁止电磁盘托动地面平板车和机械车辆。

13）天车如遇突然停电或电压明显下降应拉下闸刀，将各控制器手柄拉回零位，如吊重物司机不能离开操作室。

14）天车运行时不能进行检修、清扫、润滑等工作，不准从一台天车跨到另一台天车上，不准在大车轨道桥梁上行走。

15）天车吹风除尘时不能站在大梁上，同时必须有人监护车上的任何杂物，要及时清理干净。

16）天车如遇火灾必须先切断电源，用二氧化碳或黄沙灭火。

17）掌握电机的机械特性，合理操作控制器，不能猛起猛落，确保起重机安全可靠运行。

18）遵守公司各项规章制度。

19）不得让他人私自操作自己的天车。

20）天车停止工作后应除去吊物和吊具并断电，按车间规定的位置停车。尽量避开热辐射，必须从专用梯子上下车。

（2）当管坯到达钻孔准确位置，其操作如下：

1）夹紧装置闭合。

2）PLC精确计算钻孔量。

3）钻孔机通过设定的参数执行钻孔操作。

4）夹紧打开，运走钻孔后的管坯。

（3）钻孔机自动情况下完成一个工作循环，包括：

1）夹紧管坯。

2）钻头快速进给。

3）钻头钻孔。

4）钻头快速返回。

5）打开夹紧系统。

（4）事故处理操作要点。锯片在达到使用寿命或出现下列情况时，应立即更换。

1）锯切声音异常。

2）锯片崩刃或打齿。

3）锯后管坯端面明显变坏。

4）锯机主电机的功率明显增加，在锯切过程中发现功率显示有明显大幅波动。

（5）工序联络包括：

1）在生产过程中应时刻保持与调度室及上下工序之间的联系，如出现生产事故和质量事故应相应地及时通知调度室及上下工序，做好应急工作，确保生产正常进行。

2）记录本班生产过程中的设备运行状况、所发生的生产事故及处理过程，以便下一班安排生产。

3）记录本班生产情况及本班生产过程中的质量情况、所发生的质量事故及处理方法。

4）记录好本班的工艺参数及调整情况，交接班时应首先确认工艺参数。

（6）其他：

1）操作人员应严格按照相关技术文件的有关规定调整设备参数设定值，避免错误操作。

2）变换钢种和规格时，应及时调整设备参数。

3）与上下工序及时联系，对出现的质量问题应共同解决。

 习　题

2-1-1　阐述原料准备的基本内容。

2-1-2　阐述备料岗位的工作职责。

2-1-3　阐述原料的常见故障及排除方法。

2.2　加热炉岗位操作规程

2.2.1　岗位规范

2.2.1.1　加热炉操作岗位规范

（1）熟悉加热炉工序以及相邻工序的工艺，并熟悉掌握本工序各岗位的操作。

（2）能胜任本机组各工种操作。

（3）检查操作工是否按标准化和技术规程操作，并检查管坯的质量是否满足工艺要求。

（4）操作前，要对本区域设备运行情况进行巡检，并听取上班人员对这些设备的情况汇报。

（5）及时解决生产中所遇到的各种问题，并及时向作业长报告。

（6）本区域内出现故障时（操作设备故障）应及时做出正确判断，并组织现场人员排除故障。

（7）严格按加热制度正确加热，使进、出炉温度及温差在工艺范围内，不允许产生过热过烧及低温钢。

（8）根据荒管钢种及尺寸变化、炉况等及时准确地通过仪表调节燃料量、风量、空燃比、炉压、风压、风温等控制参数，并正确记录在炉况记录表上。

（9）从点火开始，须密切注意加热炉上各部件（烧嘴换热器、进出炉辊道、摄像头热电偶及炉用耐热钢件及耐火砖体等）运行情况，有异常情况需登记在交接班本上，并报检修部门检修。

（10）必须严格执行换热器保护规定，废气温度不得超过允许范围。

（11）炉子上各监测热工仪表，一直要维持正常工作状态，遇有异常情况，必须及时通知相关部门。

（12）保证正确使用燃料，遇有异常情况要立即停止供给燃料。

（13）与上下工序密切配合操作，做到安全持续运行。

（14）熟悉操作设备的电气、液压系统，一旦出现故障，立即报检修部门，并将情况写在交接班本上。

（15）严格按照技术规程中的有关工艺参数操作。

（16）密切注意管坯入炉、出炉及炉内的运行情况，避免弯管坯入炉和温度较低的管坯出炉。

（17）保证管坯的出入炉温度，并满足轧制节奏。

2.2.1.2　人员基本素质要求

（1）热爱本职工作，有较强的责任心和事业心，工作认真头脑灵活。

（2）熟悉无缝钢管生产工艺，熟悉本区域内设备的组成及主要技术性能。

（3）有一定的热工知识、金属学及热处理知识、计算机知识以及外语水平。

（4）上岗以前要对操作人员进行三级安全培训及本岗专业培训知识考核，合格者可取证上岗。

2.2.1.3 交接班制度

（1）接班人员须提前到达岗位，对炉体及其设备巡检，正点交接班。

（2）交班人员须对下一班人员介绍本班操作情况，当接班人员到点未到，不得擅自离岗。

（3）检查采用的加热制度是否正确，交接加热情况。

（4）交班上一班产生的事故、故障及采取的措施。

（5）须认真填写交接班记录。

2.2.1.4 本工序为特殊工序

（1）加热炉操作人员需了解有关文件对特殊工序的要求。

（2）按相关技术规程中有关规定，严格控制轧态。

2.2.2 设备安全确认

2.2.2.1 设备维护

（1）出现仪表工作异常，要及时通知电气作业区进行检查维修。

（2）每2~3个月要配合进行热电偶测量精度的检查。

（3）每天要检查设备的工作状况，并经常注意炉底运行装置的工作情况。

（4）每天要检查装出料辊道及装出料机的运行情况，并检查炉内部件的工作情况。

（5）严格执行升降温制度，避免炉子急冷急热。

（6）每天要对炉子管线进行巡检养护，出现问题及时处理。

2.2.2.2 安全操作

（1）进入现场，必须穿戴好劳保用品。

（2）入炉内或烟道检查须二人同行，带好手电，避免碰坏炉压检测管及热电偶，还须与有关方面联系，执行挂牌制度。

（3）启动风机时，应检查马达，以及冷却水阀门是否打开，须得到机械、电气人员许可，风机两次启动间隔须大于 10min。

（4）启动各液压泵时，不可同时启动，相隔时间大于 3min，若启动失败，待查明原因后第二次启动，液压工应在现场。

（5）送煤气前，应检查管路密封性，是否有煤气泄漏。

（6）点火前，应有安全保卫人员在现场监护，至少有两名操作人员在现场操作，并配备相应灭火器。

（7）烘炉时，炉膛应维持一定负压，防止向外冒火。

（8）晚上操作时，不能借助明火采光。

2.2.3　岗位基本操作

（1）点炉：

1）配备相应灭火器、点火火把等相应工具。

2）对加热炉点火条件进行确认。

3）与机械、电气、仪表点检员核实，机、电、仪设备已进入正常工作状态，具备点火条件。

4）开风机。吹扫炉膛 30min。同时做氮气吹扫、取样，合格后置换煤气。做煤气爆发试验合格后，把煤气送到各段烧嘴手阀前。依次打开所有冷却水阀门、仪表用压缩空气阀门、热风管路上各阀门。最后确认煤气管路、热风、压缩空气、冷却水管路无跑、冒、泄、漏情况。

5）通知作业区、调度室加热炉已具备点火条件，得到允许后开始点炉。

6）点烧嘴：依次点燃所需点燃的烧嘴。按升温曲线升温，炉温大于 650℃时，炉况控制系统进入自动控制状态。

（2）烘炉操作：执行完点炉操作程序后，按烘炉曲线进行升温、保温。

（3）停炉操作：各段仪表手动控制降温（50℃/h）到 800℃后，

调整各段仪表，各段煤气调节阀开口度到0%，各段空气调节阀开口度到0%。仪表面板强制手动给风，开口度30%～40%，风机开口度20%～40%，风压3500～8000Pa，烟道闸板开口度100%，关闭仪表上各控制阀。同时各段及总管做氮气吹扫、置换。关烧嘴前煤气手阀、各段盲板阀封堵。关煤气总管调节阀、急停阀、盲板阀封堵、1号截止阀、氮气吹扫阀，当炉温低于200℃时，停风机。

2.2.4 常见事故处理操作要点

常见事故处理操作要点见表2-1。

表2-1 常见事故故障原因及操作要点

故障原因	操作要点
风机不能启动及热风压力上不去	(1) 阀门开启度是否太大； (2) 机械、电气、仪表是否有故障
压缩空气压力不够	与空压站联系
管路有泄漏	巡检、通知调度室
煤气管路压力不稳	检查是否有异物堵塞管路 (1) 测量按点压力； (2) 巡检管线是否有泄漏
煤气压力太低	(1) 恒压阀是否有故障； (2) 通知调度室、煤气厂
烧嘴点不着	(1) 风量太大； (2) 点火枪太靠里或外
火焰不稳定	(1) 空燃比调整是否合适； (2) 炉压调整是否合适
烧嘴熄灭	关闭烧嘴重新点燃
炉体冒烟	调整炉压和空燃比
某段烧嘴不着	(1) 风量太大； (2) 检查该段煤气管路是否泄漏，阀门是否打开

续表 2-1

故 障 原 因	操 作 要 点
风机突停（断电）	（1）关闭烟道闸板； （2）打开放散阀； （3）查找原因后点炉

2.2.5　工序联络

（1）在生产过程中应时刻保持与调度室及上下工序之间的联系，如出现生产事故和质量事故应相应地及时通知调度室及上下工序，做好应急工作，确保生产正常进行。

（2）记录本班生产过程中的设备运行状况、所发生的生产事故及处理过程，以便下一班安排生产。

（3）记录本班生产情况及本班生产过程中的质量情况、所发生的质量事故及处理方法。

（4）记录好本班的工艺参数及调整情况，交接班时应首先确认工艺参数。

2.2.6　其他

（1）操作人员应严格按照相关技术文件的有关规定调整炉子参数设定值，避免错误操作。

（2）变换钢种和规格时，应及时调整炉况。

（3）与上下工序及时联系，对出现的质量问题应共同解决。

 习　题

2-2-1　阐述环形加热炉的基本结构。

2-2-2　阐述加热岗位的工作职责。

2-2-3　阐述加热炉常见故障及排除方法。

2.3 穿孔机组岗位操作规程

2.3.1 岗位规范

2.3.1.1 穿孔机操作工岗位职责

（1）开车前必须认真检查设备及周围情况，确认具备条件后方可开车。

（2）严格按照生产计划及技术规程与轧制表，选择穿孔工具和调整轧机参数。

（3）操作时精力集中，及时发现各种机械设备故障和轧制问题。

（4）轧制过程中，要注意监视设备运转情况，观察仪器、仪表及信号显示，监视轧件运行和轧制情况，发现问题及时处理。

（5）做好当班生产所需的轧制工具的更换准备工作。

（6）检查轧辊、导盘、顶头、顶杆等轧制工具的使用情况，发现损坏或磨损严重应及时更换，按要求将顶杆、顶头规整地放于指定位置。

（7）在更换规格时要做好工具更换工作。

（8）认真填写好《穿孔质量原始记录》和工艺标准卡。

（9）负责清扫本岗位管辖范围内的环境卫生，做到文明生产。

2.3.1.2 人员基本素质要求

（1）要熟悉本机组的设备组成情况、主要技术性能及热轧无缝管工艺流程。

（2）掌握斜轧穿孔的原理及变形规律，并能对轧制表进行校验。

（3）掌握操作面板各功能键的使用方法。

（4）了解穿孔机组自动控制的一般原理。

（5）身体健康、反应机敏、责任心强。

（6）上岗前通过专业培训，合格者方可上岗。

2.3.2　设备安全确认

（1）预先准备好充足的安全措施。

（2）检查冷却水系统是否正常，水量是否充足。

（3）硼砂的压力是否满足毛管长度的要求。

（4）ISO 终端画面显示值是否正确及状态是否正确。

（5）各区域是否能进入自动生产状态。

（6）仪表显示是否正常。

2.3.3　岗位基本操作

2.3.3.1　开车程序（手动）

（1）检查设备主传动系统、润滑系统、液压系统是否具备条件。

（2）选择主操作台控制。

（3）操作台各区域解锁。

（4）操作方式选择为手动。

（5）启动润滑系统。

（6）打开冷却水。

（7）启动导盘传动系统。

（8）向环行炉发出要料信号。

（9）选择自动操作方式。

2.3.3.2　正常生产程序（手动）

（1）拨料机拨料。

（2）拨料机返回。

（3）受料槽冷却水关闭。

（4）推钢机推料。

（5）定心辊冷却水关闭。

（6）1～6号定心辊依次打开到毛管位。

（7）支撑辊道上升到毛管位。

（8）1～6号定心辊全部大打开。

（9）止推小车返回，支撑辊道反转。

（10）顶杆解锁。

（11）由双回转臂将顶杆/毛管翻入到脱杆机，同时将新顶杆翻入到轧线中后返回。

（12）支撑辊上升到顶杆位。

（13）定心辊冷却水开。

（14）顶杆锁定。

（15）止推小车到轧制位。

（16）1～6号定心辊抱紧到顶杆位。

（17）支撑辊道下降到最低位。

（18）脱杆机前辊道启动。

（19）脱杆机链条向前一步，到接受顶杆位。

（20）脱杆机前辊道停止。

（21）脱杆机将顶杆从毛管内抽出。

（22）由3号回转臂将毛管翻入硼砂站工位。

（23）向毛管内喷硼砂。

（24）由拨钢机将毛管由硼砂站拨至受料鞍座，后返回。

（25）由4号回转臂将毛管翻入预穿线。

（26）由脱杆链上的推钢头将顶杆推到后辊道。

（27）启动脱杆机后辊道，顶杆到达挡板处停止。

（28）步进梁将顶杆放到冷却站工位。

（29）启动至双回转臂的辊道，顶杆到挡板处停止，然后可按步骤进行下一个周期循环轧制。

2.3.3.3　工具更换操作

（1）换辊操作程序如下：

1）接通 CLD1 区控制台。

2）左右导盘放开摆出。

3）将二转鼓转 12°至主轴脱离。

4）上下接轴支撑。

5）松开螺栓后并点动脱离。

6）打开转鼓调整锁定位置。

7）将上下转鼓转到 0°位，并将二转鼓调整锁定装置锁紧。

8）上压下装置下降至极限位。

9）上平衡装置向下移动。

10）上十字头旋转至脱离位并抽出。

11）上压下装置上升至极限位。

12）机架盖解锁并打开。

13）将上辊和轴承座吊走。

14）将上转鼓吊走。

15）下压下装置上升至极限位。

16）下平衡装置断开。

17）下十字头旋转至脱离位并抽出。

18）下压下装置下降至极限位。

19）吊走下辊及轴承座。

20）将新辊装入机架放在下转鼓中。

21）下十字头插入，旋转至结合位。

22）下平衡装置通。

23）吊装上转鼓。

24）吊装新的上辊及轴承座。

25）机架盖关闭并锁定。

26）上十字头插入旋转至接合位。

27）上平衡装置上升。

28）将转换调整锁定打开，并调到 12°锁定。

29）上下接轴接合，拧紧螺栓。

30）上下接轴支撑下降。

31）将左右导盘收回。

（2）导盘更换程序如下：

1）左右导盘放开摆出。

2）拿掉导盘上的盖。

3）松开螺栓吊走导盘。

4）装入新导盘拧紧螺栓，盖上导盘盖。

5）收回导盘并调整好导盘距离。

2.3.4　常见事故处理

2.3.4.1　不咬入（打滑）

（1）停冷却水。

（2）推钢机返回到初始位。

1）停轧辊主电机及导盘。

2）对于长管坯，尾部仍在导槽内，则用夹具，将管坯从导管内拉出，再用夹具将管坯从导槽中移走，对于全部进入导管内的短管坯则按以下步骤：

① 止推小车锁定并退回原位。

② 定心辊大打开，止推小车解锁并用双回转臂将顶杆移出小车解锁装置。

③ 将定杆放在支撑辊道上并扣上夹送辊。

④ 轧辊和导盘距离各打开 15mm 左右。

⑤ 启动支撑辊道前进，使顶杆进入穿孔机，并与管坯接触，将管坯从入口导管中退出。

⑥ 用天车将管坯吊走。

⑦ 启动支撑辊道返回，使顶杆回到小车锁紧装置并打开夹送辊。

⑧ 恢复轧辊、导盘的设定位置。

2.3.4.2　轧卡

轧卡由停机造成，或是由电流过载跳闸或紧急停车造成。

（1）轧卡时，首先拉出顶杆，并移走顶杆后，按以下步骤操作：

1）支撑辊道上升至毛管位。

2）三辊定心装置大打开。

3）将轧辊和导盘放到最大。

4）将隔离件放在入口导槽中，使其位于轧件和推钢机之间。

5）推钢机慢速向前使轧件达到支撑辊道上无障碍的地方。

6）用天车或双回转臂移出轧件。

7）去除隔离件。

8）支撑辊道下降。

9）推钢机返回原位。

10）重新设定轧辊和导盘距离，并装入新顶杆，顶杆小车回到工作位置。

（2）顶杆和轧件不能分离时，按以下步骤操作：

1）支撑辊道上升至毛管位。

2）三辊定心装置大打开。

3）轧辊和导盘开到最大位。

4）止推小车缓慢返回，将毛管/顶杆拉出。

5）顶杆解锁。

6）用天车将毛管/顶杆吊走。

7）重新设定轧辊和导盘距离。

8）带有新顶杆的小车回到工作位置。

（3）当轧件不规则、有障碍时，移出并用氧枪割下，完全移出轧件后，检查轧辊和导盘是否磨损，磨损应用砂轮修磨，再重新设定穿孔参数，并快速检查核实轧辊和导盘的压下量。

2.3.4.3　脱杆机没有抽出顶杆

任何原因（如轧件降温过大、轧制不正常、轧件断裂等）使脱杆机不能将顶杆从毛管中抽出，则用天车调运毛管/顶杆，然后放到指定位置。

2.3.5 工序联络

工序岗位之间的关系及它们之间的信息传递、反馈方式及其内容规定称为工序联络。

2.3.5.1 操作工交接班规定

（1）接班时要认真检查、了解设备运转情况和上一班的轧制情况。

（2）明确交接当班生产的轧制任务（材质、规格、产品名称等）。

（3）接班时认真检查顶头、顶杆等工具的使用情况和准备情况，发现有磨损严重的顶头、顶杆要立即剔除，不能继续用于生产。

（4）明确本班的轧制顺序情况，准备好将要用的生产工具。

（5）下班前要将本班换下的顶杆吊入到指定位置，并要处理完毕，不能留给下一班，并将更换下来的顶头放好。

（6）交班时要向下一班讲清本班的轧制情况及设备运转情况，出现问题要当班处理。

（7）交班人员在接班人员未进入岗位之前不得擅自离开岗位。

（8）搞好穿孔区域的环境卫生。

2.3.5.2 信息处理规定

（1）记录好本班生产的规格变化情况、发生的设备故障及处理方法。

（2）记录好本班生产过程中的质量情况、处理方法、需要注意的问题和轧废的支数。

（3）记录好本班更换工具情况和数量。

（4）记录好本班的轧制工艺参数（交接班时应对该参数进行确认）。

（5）接班时应对该机组状态进行确认。

（6）交接班记录应由专人负责、签字。

（7）生产中务必时刻保持与上下工序的通信联系，出现质量问题或生产故障时及时通知上下工序，做好应急准备。

2.3.6　产品质量的检查职责

（1）与工艺师配合，检查因各种原因所剔除毛管的质量。

（2）与上下工序——管坯加热、连轧机组及质量检查站保持及时联系，了解管坯加热、成品钢管的质量情况和产品缺陷，并设法解决属于穿孔生产的缺陷问题。

 习　题

2-3-1　阐述穿孔的目的及变形过程。

2-3-2　阐述穿孔岗位的工作职责。

2-3-3　阐述穿孔机组常见故障及排除方法。

2.4　连轧机组岗位操作规程

2.4.1　岗位规范

2.4.1.1　连轧机操作工岗位职责

（1）操纵 MPM 轧管机和脱管机，将经吹硼砂处理后的毛管轧制成符合要求的荒管。

（2）做好开轧前的准备工作，包括前后辊道的调整等工作。

（3）严格按照生产计划、技术规程、轧制表，选择轧制工具并调整轧机参数。

（4）开轧前必须认真检查设备及周围情况，确认无问题后方可开车。

（5）在轧制过程中，要注意监控设备运转情况，跟踪轧件运行和轧制情况，在前后工序发生故障时，采取相应的措施。

（6）认真填好当班的生产记录。

（7）根据需要更换连轧机、脱管机轧辊。

2.4.1.2 芯棒循环操作工岗位职责

（1）操纵芯棒循环系统为连轧机提供符合工艺要求的芯棒。

（2）做好开轧前的调整准备工作。

（3）严格按照生产计划及轧制表选择芯棒规格。

（4）开轧前，必须认真检查设备及周围情况，确认无问题后方可开车。

（5）在轧制过程中，必须注意监控设备运转情况。在前后工序发生故障时，采取相应的措施。

（6）根据需要更换连轧机、脱管机轧辊。

（7）根据需要及时更换芯棒。

2.4.1.3 人员基本素质要求

（1）要熟悉本机组的设备组成情况，技术性能及热轧无缝管的工艺流程。

（2）掌握连轧机的轧制原理变形规律，并能对轧制表校验。

（3）了解连轧机自动控制系统的一般原理。

（4）掌握各功能键的使用方法及各个设备的操作程序和操作方法。

（5）身体健康、反应机敏、责任心强。

（6）在上岗前要通过三级安全培训及专业培训，经考核合格后方可执证上岗。

2.4.2 设备安全确认

（1）遵守轧管厂通用安全操作规程。

（2）生产过程中要注意本区域设备的环境，避免出现安全事故。

（3）设备检修时应执行挂牌制度及点检员、操作工双方确认制度。

（4）在设备检修过程中要及时和检修人员联系，在配合检修动用设备时要和点检人员联系好，确认无人时方可操作设备。

（5）在换辊时不要站在运行中的小车上。

（6）热测壁厚在线使用时，人员不得进入危险区域。

（7）不得空岗。

2.4.3　岗位基本操作

2.4.3.1　连轧机检修后的准备工作程序

（1）检查设备及设备周围是否有人工作、停留。

（2）辅助设施各系统、各部位的正确连接。

（3）检查各选择开关及控制按钮是否在正确位置，按测试按钮，检查操作台面上各信号灯及按钮是否正常。

（4）通知电气人员启动电气系统。

（5）通知启动辅助系统（液压系统 H1、稀油润滑系统 L1-L2-L3、干油润滑系统 G5、G6、干油润滑喷油系统 GB、冷却水系统及风机）。

（6）确认显示信号报警已消除，各项准备工作都已就绪。

（7）进行设备调整，根据轧制表对所有的设定值进行设定。

1）MPM 七机架辊缝、速度及脱管机速度。

2）芯棒支撑机架支撑辊的位置。

3）限动速度及芯棒预插入行程。

4）芯棒支撑辊的高度、毛管支撑辊的高度。

5）毛管支撑鞍座的高度。

6）下夹送辊的高度。

7）脱管机出口辊道速度及脱管机出口辊道高度。

8）MPM 出口辊道高度。

9）MPM 轧辊直径。

10）穿孔后毛管长度。

11）芯棒冷却时间。

（8）调整 MPM 出口辊道高度、脱管机出口单辊高度及横梁高度。

（9）开启 MPM、脱管机及 MPM 前台的冷却水。

（10）将主传动断路器拨至允许接通位,检查主传动是否准备好。

（11）闭合主传动断路器。

（12）选择机架（MPM + EXTR）启动方式。

（13）启动 MPM + EXTR 的主传动电机。

（14）毛管夹送辊上升。

（15）1 号回转臂至“零”位。

（16）2 号回转臂至“零”位。

（17）闭合限动主传动断路器。

（18）齿条停放至“零”位。

（19）选择剔除周期。

（20）毛管剔除臂至下降位。

（21）毛管/芯棒剔除臂至下降位。

（22）选择正常周期。

（23）事故挡叉下降 \ 入口挡叉升起。

（24）检查脱管机出口辊道传动是否准备好。

（25）确认预穿链在“零”位。

（26）选择预穿链和到预穿链的辊道联动。

（27）冷却巷道选择自动。

（28）1 号挡板下降、2 号挡板在线。

（29）确认新芯棒已预热到预定值。

（30）确认冷却站在起始位并启动回转盘。

（31）选择润滑环自动操作。

（32）确认芯棒剔除装置在“零”位。

（33）新芯棒出炉并摆放到预定位。

（34）以上各项无误后，通知调度室已具备生产条件。

2.4.3.2　连轧机操作程序

（1）选择 P7 主操作台各区为自动方式。

（2）确认脱管后辊道已运转。

（3）选择 P8 操作台各区为自动方式。

（4）确认预穿链由"零"位进入预穿状态。

（5）确认冷却站启动。

（6）润滑系统喷涂正常。

（7）返回辊道启动正常。

2.4.3.3　工具更换操作

（1）连轧机换辊。换辊操作需在"轧机停车"状态下进行，具体操作如下：

1）压下机构锁定解锁。

2）压下机构调至换辊位可以启动。

3）压下机构调至换辊位置。

4）选择区域操作台。

5）选择单独手动换辊方式。

6）假设更换第一机架轧辊下面转为 CLF1 进行操作。

7）机架夹紧打开。

8）轴承座平衡缸抽回。

9）检查换辊是否准备好。

10）拔下稀油管。

11）1 号台架处在换辊位置。

12）倾斜台架 1 号无载上升。

13）轧辊框架推出。

14）锁定在 1 号台架上。

15）推出缸抽回。

16）倾斜台架有载下降。

17）载有旧轧辊的运输小车侧移开，载有新轧辊的小车侧移至换辊位。

18）载有新轧辊的台架上升。

19）推出缸推出。

20）2号台架轴承座锁紧打开。

21）轴承座插入机架内。

22）倾斜台架下降。

23）新轴承座在机架上夹紧。

24）插上稀油。

25）轴承座平衡缸打开。

26）选择主操作台。

27）换辊结束。

（2）脱管机换辊（换辊操作需在"轧机停车"状态下进行）。

1）主操作台选择区域操作台。

2）机架锁紧打开。

3）换辊小车横移至换辊位。

4）换辊小车锁紧。

5）换辊主推缸前进。

6）到位卡爪放下，旧辊拉至小车中心线，主推缸前推3~5cm，卡爪提起，主推缸返回到"零"位。

7）小车锁紧解锁。

8）小车横移，备辊横移至换辊位。

9）小车锁紧。

10）主推缸将备辊推入。

11）机架锁紧。

12）主推缸返回至"零"位。

13）小车解锁。

14）主操作台选择生效。

15）脱管机换辊结束。

2.4.4　常见事故处理程序

2.4.4.1　轧卡

（1）机架冷却水迅速关闭。

（2）主传动、限动电机复位。

（3）连轧机压下机构迅速打开。

（4）芯棒抽回。

（5）将齿条退至 -120cm 处。

（6）沿芯棒前端面切割轧卡管。

（7）齿条退回至"零"位。

（8）剔除抱管的芯棒。

（9）将轧机内荒管退出。

（10）将荒管剔除。

（11）更换损坏的轧辊。

（12）调整轧机参数。

2.4.4.2　主机未跳停、芯棒抽回、荒管未脱出的抱棒

（1）迅速将 E2 区及 F 区改为手动。

（2）主传动停下。

（3）轧机冷却水及轧机前台冷却水关闭。

（4）将齿条退至 -120cm 处。

（5）以后操作重复轧卡 2.4.4.1 节的步骤。

2.4.4.3　堆钢轧卡

（1）将辊缝紧急打开。

（2）关闭轧机及前台冷却水。

（3）切割挤入辊缝内的铁耳子直到能在较小负荷下抽回芯棒为止。

（4）限动复位、手动慢速回抽芯棒。

（5）重复轧卡 2.4.4.1 节的步骤。

2.4.5 工序联络

（1）在生产过程中应时刻保持与调度室及上下工序之间的联系，如出现生产事故和质量事故应及时通知调度室及上下工序，做好应急工作，确保生产正常进行。

（2）记录本班生产过程中的设备运行状况、所发生的生产事故及其处理情况。

（3）记录本班生产情况及本班生产过程中的质量情况。

（4）记录本班工具使用及更换情况，包括所更换工具的规格及数量。

（5）记录好本班的轧制工艺参数及调整情况，交接班时应首先确认轧制参数。

2.4.6 其他

（1）各班在更换轧辊及重新调车后，应及时通知定径机组取样并询问成品管长度。

（2）与上下工序—穿孔、再加热、定径保持联系，了解毛管及成品管的几何尺寸、质量情况，并设法解决属于连轧机产生的质量问题。

（3）随时监控热测壁厚数据，如发现变化应随时调车。

 ## 习 题

2-4-1 阐述钢管连轧机组类型及典型产品的工艺参数制定。

2-4-2 阐述连轧机组的安全操作步骤。

2-4-3　连轧机组的常见故障及排除方法。

2.5　再加热炉岗位操作规程

2.5.1　岗位规范

2.5.1.1　再加热炉操作岗位规范

（1）熟悉再加热炉工序以及相邻工序的工艺，并熟悉、掌握本工序各岗位的操作。

（2）能胜任本机组各工种操作。

（3）检查操作工是否按标准化和技术规程操作，并检查荒管的加热质量是否满足工艺要求。

（4）操作前，要对本区域设备运行情况进行巡检，并听取上一班人员对这些设备的情况汇报。

（5）及时解决生产中所遇到的各种问题，并及时向作业长报告。

（6）本区域内出现故障时（操作设备故障）应及时做出正确判断，并组织现场人员排除故障。

（7）严格按加热制度正确加热荒管，使进、出炉温度及温差在工艺范围内，不允许产生过热过烧及低温钢。

（8）根据荒管钢种及尺寸变化、炉况等及时准确地通过仪表调节燃料量、风量、空燃比、炉压、风压、风温等控制参数，并正确记录在炉况记录表上。

（9）从点火开始，须密切注意再加热炉上各部件（烧嘴换热器、步进梁、进出炉辊道、摄像头热电偶及炉用耐热钢件及耐火砖体等）运行情况，有异常情况需登记在交接班本上，报检修部门检修。

（10）必须严格执行换热器保护规定，废气温度不得超过允许范围。

（11）炉子上各监测热工仪表，一直要维持正常工作状态，遇有异常情况，必须及时通知相关部门。

（12）保证正确使用燃料，遇有异常情况要立即停止供给燃料。

（13）与上下工序密切配合操作，做到安全持续运行。

（14）熟悉操作设备的电气、液压系统，一旦出现故障，立即报检修部门，并将情况写在交接班本上。

（15）严格按照技术规程中的有关工艺参数操作。

（16）密切注意钢管入炉、出炉及炉内的运行情况，避免弯管入炉和温度较低的荒管出炉。

（17）保证荒管的出入炉温度，并满足轧制节奏。

2.5.1.2 人员基本素质要求

（1）热爱本职工作，有较强的责任心和事业心，工作认真，头脑灵活。

（2）熟悉无缝钢管生产工艺，熟悉本区域内设备的组成和主要技术性能。

（3）有一定的热工知识、金属学及热处理知识、计算机知识以及外语水平。

（4）上岗以前要对操作人员进行三级安全培训及本岗专业培训知识考核，合格者可取证上岗。

2.5.1.3 交接班制度

（1）接班人员须提前到达岗位，对炉体及其设备巡检、正点交接班。

（2）交班人员须对下一班人员介绍本班操作情况，如接班人员到点未到，不得擅自离岗。

（3）检查采用的加热制度是否正确，交接再加热情况。

（4）交班上班产生的事故、故障及采取的措施。

（5）须认真填写交接班记录。

2.5.1.4　本工序为特殊工序

（1）再加热炉操作人员需了解有关文件对特殊工序的要求。

（2）按相关技术规程中的有关规定，严格控制轧态和在线常化钢管的加热温度，以及在线常化时荒管的入炉温度。

2.5.2　设备安全确认

2.5.2.1　设备维护

（1）出现仪表工作异常，要及时通知电气作业区进行检查维修。

（2）每2~3个月要配合进行热电偶测量精度的检查。

（3）每天要检查升降辊及移动辊的工作状况，并经常注意炉底运行导向装置的工作情况。

（4）每天要检查装出料辊道及装出料机的运行情况，并检查炉内梁的工作情况。

（5）严格执行升降温制度，避免炉子急冷急热。

（6）每天要对炉子管线进行巡检养护，出现问题及时处理。

2.5.2.2　安全操作

（1）进入现场，必须穿戴好劳保用品。

（2）入炉内或烟道检查须二人同行，带好手电，避免碰坏炉压检测管及热电偶，还须与有关方面联系，执行挂牌制度。

（3）启动风机时，应检查马达和冷却水阀门是否打开，须得到机械、电气人员许可，风机两次启动间隔须大于10min。

（4）启动各液压泵时，不可同时启动，相隔时间大于3min，若启动失败，待查明原因后第二次启动，液压工应在现场。

（5）送煤气前，应检查管路密封性，是否有煤气泄漏。

（6）点火前，应有安全保卫人员在现场监护，至少有两名操作人员在现场操作，并配备相应灭火器。

（7）烘炉时，炉膛应维持一定负压，防止向外冒火。

（8）晚上操作时，不能借助明火采光。

2.5.3　岗位基本操作

（1）点炉：

1）配备灭火器、点火火把等相应工具。

2）对再加热炉点火条件进行确认。

3）与机械、电气、仪表点检员核实，机、电、仪设备已进入正常工作状态，具备点火条件。

4）开风机。吹扫炉膛 30min，同时做氮气吹扫、取样，合格后置换煤气。做煤气爆发试验合格后，把煤气送到各段烧嘴手阀前，依次打开所有冷却水阀门、仪表用压缩空气阀门、热风管路上各阀门。最后确认煤气管路、热风、压缩空气、冷却水管路无跑、冒、泄、漏情况。

5）通知作业区、调度室再加热炉已具备点火条件，得到允许后开始点炉。

6）点烧嘴：依次点燃所需点燃的烧嘴。按升温曲线升温，炉温大于 650℃时，炉况控制系统进入自动状态控制。

（2）烘炉操作：执行完点炉操作程序后，按烘炉曲线进行升温、保温。

（3）停炉操作：各段仪表手动控制降温（50℃/h）到 800℃后，调整各段仪表，各段煤气调节阀开口度到 0%，各段空气调节阀开口度到 0%。仪表面板强制手动给风，开口度 30%～40%，风机开口度 20%～40%，风压 3500～8000Pa，烟道闸板开口度 100%，关闭仪表上各控制阀。同时各段及总管做氮气吹扫、置换。关烧嘴前煤气手阀、各段盲板阀封堵。关煤气总管调节阀、急停阀、盲板阀封堵、1 号截止阀、氮气吹扫阀、当炉温低于 200℃时，停风机。

（4）常化处理时，双位选择器按钮同时打到常化线，并进入自动状态。旁通处理时，双位选择按钮同时打到旁通线，并进入自动状态。同时按相关规定设定工艺参数。

2.5.4　常见事故处理操作要点

常见机械故障的原因及操作要点见表 2-2。

表 2-2　机械故障原因及操作要点

故障原因	操作要点
定径卡管	将辊道反转，配合 P11 台将管子退出（如去旁通可将管子反装炉，前面轧过的荒管继续通过定径，待反装炉的管子加热至轧制温度可通过定径轧制）
炉内弯管	手动处理，半自动小循环
连轧轧卡	小冷床面板改手动，连轧处理完后，回转臂走一次单循环
小冷床弯管	小冷床面板改手动，弯管剔到台架上，必要时用 44 号天车
无自动、半自动	找电气处理
无手动	找机电人员处理

2.5.5　工序联络

（1）在生产过程中应时刻保持与调度室及上下工序之间的联系，如出现生产事故和质量事故应相应地及时通知调度室及上下工序，做好应急工作，确保生产正常进行。

（2）记录本班生产过程中的设备运行状况、所发生的生产事故及处理过程，以便下一班安排生产。

（3）记录本班生产情况及本班生产过程中的质量情况，包括所发生的质量事故及处理方法。

（4）记录好本班的工艺参数及调整情况，交接班时应首先确认工艺参数。

2.5.6 其他

（1）操作人员应严格按照相关技术文件的有关规定调整炉子参数设定值，避免错误操作。

（2）变换钢种和规格时，应及时调整炉况。

（3）与上下工序及时联系，对出现的质量问题应共同解决。

 习 题

2-5-1 阐述钢管再加热的目的。

2-5-2 阐述再加热岗位的工作职责。

2-5-3 阐述再加热炉的常见故障及排除方法。

2.6 定径机组岗位操作规程

2.6.1 岗位规范

本岗位规范适用于定径机、冷床操作以及定径机调整、换辊操作和九通道操作。

2.6.1.1 定径机操作工岗位职责

（1）定径工序为特殊工序,开轧前必须检查设备及在线检测仪表,并按轧制表和相关技术文件输入工艺参数,确认无误后方可进行操作。

（2）定径生产过程中要注意监视掌握设备情况，观察仪器仪表及显示信号，监视钢管运行和轧制情况，发现问题及时处理。

（3）观察上冷床钢管的直度，防止管子弯曲度过大，致使在冷床上无法滚动，影响生产。

（4）按照相关文件配置机架。

（5）负责本班生产所需更换工具的准备工作。

（6）工具更换前依据生产计划和相关文件，检查核对所准备的工具的准确性，换完后应再次确认。

（7）随时监控管子长度，发现问题及时通知连轧机组。

（8）每小时至少巡视一次定径区域设备运行情况及冷却水情况，发现问题及时处理并通知调度室。

（9）每小时至少巡视一次大冷床钢管外表面，发现问题及时通知相关机组及调度室。

（10）负责本区域的环境卫生，做到文明生产。

2.6.1.2　人员基本素质要求

（1）熟悉热轧无缝钢管生产工艺流程、熟悉定径机组设备、轧制工具的性能及作用。

（2）掌握操作面板各功能键的使用方法，并能对轧制表检验。

（3）了解定径机组自动控制原理及设备的工作原理。

（4）身体健康、反应机敏、责任心强。

（5）上岗前要通过三级安全培训及专业培训，经考核合格后方可执证上岗。

（6）本工序为特殊工序，操作人员必须了解有关文件对本工序的要求，熟悉在线检测仪表的使用。

（7）掌握常见质量事故的产生原因及处理方法。

2.6.2　设备安全确认

（1）遵守轧管厂通用安全操作规程。

（2）生产过程中要注意本区域设备的环境，避免出现安全事故。

（3）设备检修时应执行挂牌制度及点检员、操作工双方确认制度。

（4）在设备检修过程中要及时和检修人员联系，在配合检修动用设备时要和点检人员联系好，确认无人时方可操作设备。

（5）在换辊时不要站在运行中的小车上。

（6）不得空岗。

2.6.3 岗位基本操作

2.6.3.1 定径机检修后的准备工作程序

（1）检查设备及设备周围是否有人工作、停留。

（2）检查、启动辅助设备。

（3）检查控制面板上各信号灯、按钮、开关是否正常。

（4）检查机架冷却水是否正常，高压除鳞水手动启动是否正常。

（5）检查机架配置是否正确、安装是否到位、夹紧液压缸是否已锁紧。

（6）检查入口辊道高度及速度调整。

（7）检查电机速度设定的调整。

（8）检查出口辊道高度及速度调整。

（9）确定冷床布料方式。

（10）确定控制电源接通。

（11）闭合主电机及叠加电机快开。

（12）启动主电机及叠加电机。

（13）打开轧辊冷却。

（14）将回转臂转到"零"位。

（15）大冷床运动到接料位。

（16）上各项无误后，通知调度室已具备生产条件。

2.6.3.2 定径机操作程序

（1）选择主操作台并选择手动方式。

（2）将高压除鳞开关选择到自动。

（3）选择主操作台为自动方式。

2.6.3.3 工具更换程序

（1）更换机架前的准备工作如下：

1）确定定径机架。

2）按相关文件将机架摆放在小车上。

3）打开阀门联锁。

4）将链轮压入小车链条。

5）移动小车将空车停在 C 型座前并使两滑轨各处对齐。

6）停止要料。

7）回到手动状态并停车。

8）出口辊道切至手动。

9）关机架冷却水。

10）切换到地面操作。

11）释放夹紧装置并检查所有液压缸退回。

（2）更换机架程序如下：

1）通过手动扳手选择，首先移动横梁并推进至机架前，放下小钩。

2）横梁将机架拉至小车中心线。

3）横梁向前伸 1～3cm 以放松小钩。

4）将小钩抬起。

5）横梁拉至"零"位。

6）更换机架超过 7 架时需通过手动扳手移动另一个横梁，方法同上。

7）清理 C 型座内的导向板并涂油。

8）移动带有机架的小车停在 C 型机座正前方将滑轨相互对正。

9）选择首先移动的横梁。

10）将机架推进到 C 型机座内。

11）横梁退至原始位置。

12）如果需要通过手动扳手移动另一横梁，方法同上。

13）接通机架夹紧装置并检查所有液压缸伸出。

（3）开机后的清理工作如下：

1）将小车开至停止位。

2）释放链轮。

3）锁定阀台总阀门。

4）工具下线。

2.6.3.4　九通道操作程序

（1）九通道上线时的操作程序如下：

1）停定径主电机及叠加电机。

2）确认定径出口辊道高度正确。

3）在服务终端屏幕上输入正确的参数。

4）确认数据库运行状态正常。

5）按 F5 键将 O 型架开入测量点。

6）启动定径主机及叠加电机。

7）按 F1 键准备测量。

（2）九通道下线的操作规程如下：

1）停定径主机和叠加电机。

2）按 F6 键将 O 型架开到存储位。

3）启动主机恢复生产。

2.6.4　常见事故处理

2.6.4.1　卡管

（1）通知再加热炉及环形炉停止出料。

（2）通知再加热炉辊道反转。

（3）关闭轧辊冷却水。

（4）选择主传动手动反转。

（5）荒管全部退出轧机后通知调度室并恢复生产。

2.6.5　工序联络

（1）在生产过程中应时刻保持与调度室及上下工序之间的联系，如出现生产事故和质量事故应及时通知调度室及上下工序，做好应急工作，确保生产正常进行。

（2）记录本班生产过程中的设备运行状况、所发生的生产事故及其处理情况。

（3）记录本班生产情况。

（4）记录本班工具使用及更换情况。

（5）记录好本班的轧制工艺参数及调整情况，交接班时应首先确认轧制参数。

2.6.6　其他

（1）更换新工具及每班接班后，必须对轧后的管子进行全面检查。

（2）通过九通道装置，随时监测管子的质量状况。

（3）生产过程中应每小时一次去冷床检查管子的外表质量，如发现问题及时与相关操作台及调度室联系，尽快解决。

（4）为防止混炉，在冷床上每两个炉号的钢管之间，至少隔 1 个空料位，并在上一炉号最后一支的尾部做出明显的尾巴形标志。

（5）为防止冷床钢管弯曲，当设备故障停机超过 30min，在重新生产时，应使热管和冷管至少间隔 2 步。

 习　题

2-6-1　阐述钢管定径的目的。

2-6-2　阐述定径岗位的工作职责。

2-6-3　阐述定径机组的常见故障及排除方法。

2.7　精整岗位操作规程

2.7.1　岗位规范

2.7.1.1　操作工岗位职责

（1）遵守纪律、制度，服从领导分配。

（2）努力工作，保质保量完成生产任务。

（3）遵守工艺纪律，按工艺或操作规程进行操作。

（4）注意产品质量，一定要做好自行首检，配合检验员做好过程检验。

（5）爱护机器设备，上班后先检查设备，确认设备正常时再投料生产。生产过程要认真仔细地操作，发现异常情况及时向班组长或车间主任报告。

（6）安全、文明生产。上班时要穿好工作服、戴好防护用品；下班前要清扫设备和周围卫生，整理工具。爱护公物，如有损坏、丢失、浪费要负责赔偿。

（7）坚守岗位，不允许串岗。

（8）发扬团结友爱、互助协作精神。

（9）努力学习科学文化知识，不断提高操作技能，积极向领导提出合理化建议。

2.7.1.2 人员基本素质要求

（1）要熟悉本机组的设备组成情况、技术性能及热轧无缝管的工艺流程。

（2）掌握冷床冷却、管排收集、管排切割、矫直、漏磁探伤的方法，并能对轧制表校验。

（3）掌握测长、称重、喷标的一般方法。

（4）掌握各个设备的操作程序和操作方法。

（5）身体健康、反应机敏、责任心强。

（6）在上岗前要通过三级安全培训及专业培训，经考核合格后方可执证上岗。

2.7.2 设备安全确认

（1）遵守轧管厂通用安全操作规程。

（2）生产过程中要注意本区域设备的环境，避免出现安全事故。

（3）设备检修时应执行挂牌制度及点检员、操作工双方确认制度。

（4）在设备检修过程中要及时和检修人员联系，在配合检修动用设备时要和点检人员联系好，确认无人时方可操作设备。

（5）在天车运行时不要站在运行中的天车下方。

（6）设备在线使用时，人员不得进入危险区域。

（7）不得空岗。

2.7.3　岗位基本操作

2.7.3.1　冷床

（1）定径机出口辊道输送到冷床入口辊道。

（2）1号冷床上料回转臂将钢管平托放到1号冷床的第一个定齿。

（3）经1号冷床步进传送后，由1号冷床卸料回转臂从1号冷床的最后一个定齿平托放到1号冷床运输辊道上。

（4）钢管从1号冷床输送辊道经冷却巷道进入2号冷床输送辊道。

（5）由2号冷床上料回转臂将钢管平托到2号冷床的第一个定齿。

（6）经2号冷床步进传送后，由2号冷床卸料装置从2号冷床的最后一个定齿放到2号冷床卸料斜台架上。

2.7.3.2　管排锯

（1）切头和切倍尺。

（2）切定尺、切尾或切头、切尾、切定尺。

2.7.3.3　矫直辊更换

（1）换辊时卸下矫直辊与万向接轴的连接螺栓。

（2）调整各矫直辊的角度至90°。

（3）降低上辊高度至恰当位置，利用垫块和螺栓连接上下辊座。

（4）拆除下辊固定螺栓，调整上矫直辊到一定高度，此时下矫直辊及辊座一起提起。

（5）操作换辊小车，使小车伸到下矫直辊辊座下方。

（6）将矫直辊放到小车上，固定后拆除上矫直辊固定螺栓，调整压下机构使辊座与机构脱开。

（7）拉出换辊小车，用天车将矫直辊吊走。

2.7.3.4　中间库工艺管理

（1）验收和入出库工作原则如下：

1）接收人员核对入库单据与实物的炉号、钢级（钢种）、品种、规格、定尺、合同号和标识是否相符，如不相符通知生产线查找原因。

2）经核实准予入库产品放入指定料架贮存或按相应物流方向进行处理，同时，管理人员将有关数据做文字记录并签字，并及时准确地将有关数据输入计算机，做到文字记录、计算机内的数据与库区内实物三方数据完全相同。

3）产品出库必须按出库单进行组织，库管人员接到外发作业单后，立即核实品种钢级（钢种）、炉号、壁厚、长度、数量及标识是否正确，确认无误后装车。同时，管理人员将有关数据做文字记录并签字，并及时、准确地将有关数据输入计算机，做到文字记录、计算机内的数据与库区内实物三方数据完全相同。

（2）产品搬运原则如下：

1）产品入出库由磁盘吊车搬运，搬运过程应运行平稳，进入指定料架或运输车辆货架时要重心平衡并轻放摆平，不能超载或砸撞料架与运输车辆货架。

2）产品搬运过程中发生或发现质量问题应立即通知质检人员进行判定并采取相应措施。

（3）产品贮存原则如下：

1）产品贮存应按炉号、规格、钢级（钢种）、壁厚等存放，不同品种、规格、壁厚钢管不准存放于同一料架。填好文字记录并将有关数据输入计算机。

2）存放记录、计算机内数据与实物三方数据应完全相符。

3）每排钢管的一端要保持整齐，上下层钢管间放垫木并保证上下对齐。

4）管材内不能有铁屑及杂物。

（4）产品标识的管理和要求如下：

1）放入料架的产品要由库管人员在产品整齐的一端挂上写有产品规格、钢级（钢种）、炉号、数量等内容的标签，做到产品的可追溯性。

2）每支钢管应写明炉号。

2.7.4　常见事故处理程序

漏磁探伤设备的常见故障及处理方法如下：

（1）主机小车不能正常进、出故障见表 2-3。

表 2-3　主机小车不能正常进、出故障及操作要点

故　　障	操　作　要　点
主机轨道被异物阻塞	清除主机轨道异物
齿轮链条故障	检查齿轮链条是否脱落或断开
操作台控制 IN/OUT 开关为断开位置	将操作台控制 IN/OUT 开关打到相应位置
主机接线立柱处的 IN/OUT 断路器为 OFF 位置	将主机接线立柱处的 IN/OUT 断路器打到 ON 位置
横移电机故障	更换或修理横移电机
小车底轮轴承损坏	更换新的小车底轮

（2）主机小车不能正常升、降故障见表 2-4。

表2-4 主机小车不能正常升、降故障及操作要点

故 障	操 作 要 点
操作台控制升、降的开关为断开位置	将操作台控制升、降开关打到相应位置
齿轮链条故障	检查齿轮链条是否脱落或断开
主机接线立柱处的升、降断路器为OFF位置	将主机接线立柱处的升、降断路器打到ON位置
升降电机故障	更换或修理升降电机

（3）夹送辊故障见表2-5。

表2-5 夹送辊故障及操作要点

故 障	操 作 要 点
自动过管时，夹送辊位置过低，钢管撞击夹送辊	联轴器松动，紧固即可
在自动控制下，显示值在夹管时高于管外径	联轴器松动，紧固即可
在自动控制下，显示值在夹管时和实际值相差不合理，由手动打自动后，自动位有变化	手动调联轴器，显示值跃变时为编码器损坏，若是编码器坏了更换即可
在自动控制下，显示值为异常	线断或编码器损坏，更换线或编码器即可

（4）励磁电源故障见表2-6。

表2-6 励磁电源故障及操作要点

故 障	操 作 要 点
AMALOG、SONSCOPE，24V电源前面板的电指示灯显示无电	柜后保险烧，同时调电压限幅到一半启动电源
指示有电，电流表指示为0，电压表有显示，24V亦同	柜后保险烧，AMALOG烧，查线圈电阻，若滑环和碳刷脏造成，清理滑环和刷握即可
一上电就跳或无法正常工作（在电流限幅最小、电压限幅最大时）	在检查滑环正常的情况下，更换电源

（5）计算机死机的处理方法：

1）操作和点击窗口的速度必须控制，尤其是调节参数时必须注意连续动作的间隔时间。

2）打开窗口操作设备时，原则上不允许同时打开两个或两个以上窗口，退出一个窗口，再进另一个窗口进行操作。

3）系统死机的现象：夹送辊动作不正常，自动不喷标，报警窗口不正常（探头起落不正常——这种情况很少见）。建议处理方法：重新导入系统配置文件，然后重新输入应输入的参数。

（6）SON 探头不动作故障见表 2-7。

表 2-7   SON 探头不动作故障及操作要点

故　　障	操 作 要 点
无压缩空气	恢复压缩空气供给
气动件损坏	更换损坏的气动件
主机处电气信号与气动件连接处的航空插头脱落	将航空插头插上并拧紧

（7）探伤误报故障见表 2-8。

表 2-8   探伤误报故障及操作要点

故　　障	操 作 要 点
死机	关闭所有电源，冷启计算机系统
探头损坏	更换损坏探头
航空插头脏或松动、滑环脏	清理航空插头并拧紧、清理滑环
相关滤波板损坏	更换相关损坏的滤波板

2.7.5　工序联络

（1）在生产过程中应时刻保持与调度室及上下工序之间的联系，

如出现生产事故和质量事故应及时通知调度室及上下工序，做好应急工作，确保生产正常进行。

（2）记录本班生产过程中的设备运行状况、所发生的生产事故及其处理情况。

（3）记录本班生产情况。

（4）记录本班工具使用及更换情况。

（5）记录好本班的轧制工艺参数及调整情况，交接班时应首先确认参数。

 ## 习 题

2-7-1 阐述钢管精整的目的。

2-7-2 阐述精整岗位的工作职责。

2-7-3 阐述常见故障及排除方法。

3 钢管连轧生产项目训练

3.1 项目训练1

本次课标题	手动状态完成芯棒预穿任务		
授课班级		上课时间	上课地点
教学目标	能力或技能目标		相关知识
	(1) 设备运行参数设定； (2) 芯棒在润滑链上向前运行； (3) 芯棒在预穿线的定位； (4) 芯棒预穿		掌握设备基本参数和设备运行检测位置
能力训练任务	(1) 按照轧制表在调整终端输入对应参数，自动调整。检查现场设备动作保证正确。芯棒支撑辊在对应毛管长度的位置，润滑链对应芯棒直径选择合适的速度。 (2) 芯棒由润滑出口链运至预穿线。选择 E1、E5 区操作面板：1) 区域锁定开关解锁；2) 选择手动运行方式；3) 按动复位按钮激活 E1、E5 区；4) 选择润滑出口链和预穿辊道；5) 慢速启动润滑出口链和预穿辊道；6) 快速运行；7) 芯棒到预穿挡板前转为慢速，然后停止，芯棒轻触挡板。 (3) 芯棒在预穿线定位。E1 区在手动状态下：1) 选择预穿链；2) 慢速启动预穿链；3) 到预穿链推座接触芯棒为止。 (4) 芯棒预穿。此时毛管已由穿孔 4 号回转臂翻至预穿鞍座：1) 按 E5 区预穿挡板按钮降下预穿挡板；2) 先慢速，待推座推动芯棒以后快速运行；3) 接近插入位时，预穿链自动变为慢速，芯棒完全插入毛管后自动停止（根据编码器检测到的预穿链位置，程序自动进行）		
所需设备	润滑链、预穿链、预穿辊道、预穿挡板、预穿芯棒支撑辊、预穿鞍座、调整终端、轧制表		

表格内参数：

参数 孔型	芯棒直径 /mm	芯棒支数 /支	润滑速度 /m·s^{-1}	润滑延时 /s
247	187.1~235.5	8	1.4	3
291	238.9~277.1	8/7	1.2	3

3.2 项目训练2

本次课标题	芯棒预热		
授课班级	上课时间		上课地点
教学目标	能力或技能目标		相关知识
	（1）芯棒上线准备； （2）芯棒装入芯棒炉； （3）预热芯棒		芯棒单重、天车额定负荷、设备参数、加热温度
能力训练任务	（1）用46号天车将所需芯棒从储存料架吊出，根据芯棒单重（最大10.4t）及46号天车额定负载（22.5t+22.5t），确定每次吊运支数3～5支。 （2）芯棒吊运至上料台架，停放位置与芯棒炉运输链两端对齐。并记录芯棒7位编号，前4位表示芯棒规格，后3位表示本支芯棒在该规格芯棒中的投入使用的顺序号，生产中需要对芯棒进行使用跟踪。 （3）在芯棒炉就地操作台，芯棒炉入料炉门打开（升起），运输链停在接料位。 （4）装料钩下降将一支芯棒放在运输链料位上。 （5）运输链前进一个料位，装料钩上升返回，倾斜的上料台架使下一支芯棒滚动到装料钩上。 （6）重复（4）、（5）步动作，依次将芯棒装入炉内，最多可以装8支芯棒。 （7）将第一支装入芯棒运到出炉口最后一个料位时，将出炉辊道升起，装料完毕。 （8）根据要求芯棒在炉内停留不同的时间（0～120min），使芯棒的温度达到工艺要求（100±20）℃		
所需设备	芯棒储存料架、天车、上料台架、装料钩、芯棒预热炉、芯棒预热炉运输链、出炉辊道		

3.3　项目训练3

本次课标题	芯棒出炉		
授课班级	上课时间		上课地点
教学目标	能力或技能目标		相关知识
	（1）芯棒出炉； （2）芯棒运行到润滑线； （3）芯棒炉、润滑线、冷却站的操作		设备参数、润滑线检测位置
能力训练任务	（1）在芯棒炉主操作台芯棒炉出炉门上升打开。 （2）在润滑线主操作台二位选择开关选择芯棒出炉，芯棒冷却站区域在步进梁回到原始位置时（返回位、下降位）选择手动状态。 （3）当润滑辊道没有芯棒时，自动状态下，启动芯棒出炉按钮，出炉辊道和润滑辊道启动旋转，芯棒出炉。 （4）预热好的芯棒从出炉辊道前进到达润滑辊道出口 V04 检测位置时，主操作台二位选择开关选择正常运行，芯棒冷却站区域选择自动状态启动。 （5）芯棒出炉完成，出炉辊道停止，下降。 （6）芯棒炉内运输链前进一个料位，下一支芯棒到达出炉口，出炉辊道升起。 （7）重复前（1）~（5）步，直到将需要的芯棒全部出完为止。 （8）正常情况下在线循环使用芯棒支数为 7~8 支，所以芯棒炉一个周期最多可以出 8 支芯棒		
所需设备	芯棒炉、出炉门、出炉辊道、润滑辊道		

3.4　项目训练4

本次课标题	芯棒润滑		
授课班级	上课时间		上课地点
教学目标	能力或技能目标		相关知识
	（1）芯棒在润滑线运行； （2）芯棒在润滑站喷涂石墨润滑； （3）芯棒到润滑出口链准备到预穿线		石墨润滑参数、设备参数、设备运行检测位置

能力训练任务	（1）到达润滑线的芯棒在润滑入口链定位，当润滑出口链芯棒向预穿线行进时，入口链启动。 （2）芯棒启动同时石墨润滑系统启动，当芯棒头部到达润滑环前时，石墨开始喷涂。 （3）根据轧制规格需要确定石墨喷涂长度，在调整终端上调整延时控制喷涂石墨长度，一般控制在14.5m以下。 （4）芯棒工作段喷涂完成预定时间长度以后停止喷涂，连接杆和尾柄不需要喷涂石墨，避免浪费。 （5）喷涂完石墨的芯棒到达润滑出口链，芯棒温度在（100±20）℃，利于石墨中的水分蒸发，使之到达预穿线时表面比较干燥，从而提高钢管内表面质量，因为水分过多时钢管内表面会产生内结疤缺陷。 （6）在预穿线芯棒完成毛管预穿翻到轧线后，在润滑出口链准备好的芯棒前进到达预穿线定位，等待下一支毛管预穿
所需设备	润滑辊道、润滑入口链、润滑环、润滑站L6、润滑出口链、调整终端

3.5 项目训练5

本次课标题	芯棒冷却		
授课班级		上课时间	上课地点
教学目标	能力或技能目标		相关知识
	（1）芯棒在冷却站运行； （2）冷却水量调整； （3）芯棒温度测量		设备参数、水量调整方法、光学高温计检测位置
能力训练任务	（1）芯棒到达返回辊道4段挡板定位以后，当润滑辊道芯棒开走以后，步进梁启动按照上升—前进—下降—返回的动作周期运行，将芯棒从返回4段的芯棒移到芯棒冷却站1号站。 （2）1号冷却站检测到有芯棒后，1号冷却站开始喷水。 （3）1号冷却站冷却水分为7段控制，每段2m，芯棒工作段长度15m，最后1m没有冷却水。 （4）1号冷却站7段冷却时间可以一起调整，也可以单独调整，因为芯棒温度在长度方向上是不均匀的。各段时间调整在操作台上调整终端进行。 （5）芯棒在1号冷却站冷却的同时在原地旋转，使芯棒冷却均匀。每个冷却站有8组旋转盘，每组旋转盘各有一个主动轮和一个从动轮，用于支撑芯棒并带动芯棒旋转。 （6）到达预定的冷却时间后，冷却水停止，当润滑辊道芯棒开走以后，步进梁启动按照上升—前进—下降—返回的动作周期运行，将芯棒从1号站移到2号站，同时另一支芯棒又从返回4段移到1号站。 （7）在2号站与1号站一样，进行冷却、旋转，再向前运行。 （8）芯棒就这样循环往复运行，完成循环使用		
所需设备	返回辊道、步进梁、冷却站、光学高温计、调整终端		

3.6　项目训练6

本次课标题	芯棒上缓冲台架			
授课班级		上课时间		上课地点
教学目标	能力或技能目标		相关知识	
	(1) 芯棒上缓冲台架； (2) 芯棒润滑		设备参数、设备运行检测位置	
能力训练任务	(1) 1号、2号拨料臂在返回位、缓冲链准备到位。 (2) 芯棒在润滑出口链对应缓冲链两端定位。 (3) 1号拨料臂将芯棒拨至中间站，2号拨料臂将芯棒拨至缓冲链。 (4) 缓冲链选择储存方式，链子向上走一步，芯棒移动到1号储存位置，1号、2号拨料臂返回。 (5) 润滑入口链、出口链、润滑环启动，下一支润滑后的芯棒到达润滑出口链。 (6) 重复(1)~(5)步，将芯棒上到缓冲链，最多存放芯棒6支			
所需设备	润滑出口链、缓冲台架、缓冲链、大拨料臂、小拨料臂			

3.7　项目训练7

本次课标题	芯棒下缓冲台架			
授课班级		上课时间		上课地点
教学目标	能力或技能目标		相关知识	
	(1) 芯棒下缓冲台架； (2) 芯棒运至预穿线		设备参数、设备运行检测位置	
能力训练任务	(1) 缓冲链选择插入方式，1号、2号拨料臂在返回位、缓冲链准备到位。 (2) 1号拨料臂推出，链子向下走一步，芯棒从1号储存位置滚到1号拨料臂上。 (3) 1号拨料臂返回，芯棒滚至润滑出口链。 (4) 润滑出口链、预穿辊道启动，将芯棒运至预穿线，预穿链启动。 (5) 重复(2)、(3)步动作再下一支芯棒，等预穿线芯棒翻到轧线以后，重复第(4)步。 (6) 以此类推，将所有芯棒下来			
所需设备	润滑出口链、缓冲台架、缓冲链、大拨料臂、小拨料臂、预穿链、预穿辊道			

3.8 项目训练8

本次课标题	芯棒剔除			
授课班级		上课时间		上课地点
教学目标	能力或技能目标		相关知识	
	（1）芯棒剔除； （2）剔除拨叉、台架的使用		剔除拨叉、台架等设备参数、检测点位置	
能力训练任务	（1）主操作台选择开关选择芯棒剔除方式。 （2）在返回辊道剔除芯棒时，芯棒在返回4段停止后，将步进梁改手动。剔料拨叉升起直到将芯棒剔除，然后剔料拨叉返回原始位低位。重新启自动。 （3）在润滑线剔除芯棒时，应先将润滑线改手动，而后将由步进梁下到润滑辊道的芯棒用剔除拨叉剔除，然后剔料拨叉返回。重新启自动			
所需设备	剔除拨叉、剔除台架、返回辊道、润滑辊道、冷却站			

3.9 项目训练9

本次课标题	更换连轧辊			
授课班级		上课时间		上课地点
教学目标	能力或技能目标		相关知识	
	（1）更换连轧辊； （2）插拔油管		换辊设备参数、换辊动作连锁	
能力训练任务	（1）主机停车，主操作台钥匙开关选择换辊方式。 （2）压下机构调至换辊位，调整终端编码器1~3架显示9550，4~7架显示8400。 （3）在主操作台上选择就地操作台，6、7架就地操作面板随后也选择就地操作台。 （4）6、7架就地操作面板选择手动单独方式换辊。 （5）以换第1架为例，转为1架就地面板操作。 （6）机架夹紧打开。			

能力训练任务	（7）平衡缸泄压，即轴承座平衡缸缩回。 （8）平衡缸缩回到位换辊准备好，灯亮后，拔下油管。 （9）1号小车升起在换辊位（在此或之前完成均可）。 （10）主推缸将轧辊推出。 （11）到位后锁紧，注意机架连接主推缸舌头是否已经打开。 （12）主推缸返回350mm左右时将小车下降。 （13）换辊小车侧移。 （14）换辊小车到位后，检查备用机架锁紧，正常后升起小车。 （15）主推缸推出。 （16）到位推住轧辊后机架锁紧解锁。 （17）轧辊装入，检查机架舌头是否锁住，正常后推入轧辊。 （18）新轧辊到位后机架夹紧。 （19）插上液压油管，升起平衡缸。 （20）换辊小车降下。 （21）待所有换辊完成后，将6、7架面板转至主操作台，输入新的参数后开始压车，换辊完成
所需设备	压下、换辊小车、锁紧缸、主推缸、夹紧、平衡缸

3.10　项目训练10

本次课标题	换辊后空轧毛管操作		
授课班级		上课时间	上课地点
教学目标	能力或技能目标		相关知识
	（1）空轧准备； （2）空轧操作； （3）空轧后毛管剔除； （4）空轧后设备回"零"位（启自动位置）		设备参数
能力训练任务	（1）连轧辊压到设定辊缝，已经测量并调整完成。 （2）连轧机架间的4个芯棒支撑机架打开，毛管对齐叉下降。 （3）主电机和下夹送辊手动低速50r/min运转，主机旋转。 （4）毛管由1号回转臂翻至主轧线。 （5）上夹送辊落下夹住毛管前进，限动齿条快速前行。 （6）毛管至第1机架时不咬入停下，限动齿条距毛管尾部500mm时改为慢速，接触到管尾时，齿条慢速前行将毛管顶进连轧第一架。 （7）毛管咬入后，上夹送辊升起，齿条返回"零"位，空轧咬入不好时，需要齿条将毛管顶到第二架或第三架。		

续表

能力训练 任务	（8）毛管进入第7架后，将主机和下夹送辊反转，芯棒支撑辊在毛管位或低位，防止撞坏支撑辊。 （9）毛管尾部退过下夹送辊后，将上夹送辊落下。 （10）待毛管离开下夹送辊后，上夹送辊升起，由毛管剔除拨叉将其剔除。 （11）将芯棒机架打到闭合位，毛管定位叉升起，空轧结束
所需设备	连轧机、回转臂、支撑辊、剔料拨叉、夹送辊、芯棒支撑机架、限动齿条、毛管定位叉

3.11 项目训练11

本次课标题	更换脱管机架			
授课班级		上课时间	上课地点	
教学目标	能力或技能目标		相关知识	
	（1）更换前准备； （2）更换脱管机； （3）脱管机对轴		设备参数、操作步骤连锁	
能力训练 任务	（1）脱管机、连轧机停车。 （2）P7操作台脱管机控制钥匙开关选择就地操作台。 （3）就地面板选择就地台，面板解锁。 （4）换辊小车移至换辊位（空车），换辊小车锁紧缸锁紧。 （5）在线机架锁紧打开。 （6）换辊主推缸前进，到位后卡爪放下。 （7）主推缸缩回将旧辊拉出，到位后主推缸再向前推约5cm，卡爪提起，主推缸返回"零"位。 （8）小车锁紧缸解锁。 （9）备辊小车横移至换辊位。 （10）小车锁紧缸锁紧。 （11）主推缸将备辊推入牌坊中。 （12）机架锁紧。 （13）主推缸返回"零"位。 （14）就地面板选主操作台。 （15）P7操作台面板选主操作台，主传动慢速旋转，脱管机接轴插入定位。 （16）换辊结束			
所需设备	脱管换辊小车、锁紧缸、主推缸、拉爪			

4 热轧无缝钢管虚拟仿真生产实训

4.1 系 统 启 动

4.1.1 软件开启顺序

（1）首先启动服务器上"钢管系统加密狗"程序；

（2）先登录管理系统，输入用户信息身份验证通过后，调用"虚拟服务器"；

（3）用免验证的角色启动管理系统，调用"虚拟界面"；

（4）用免验证的角色启动管理系统，调用"控制界面"。

4.1.2 用户登录

登录界面由登录方式、身份选择、用户名、密码四部分组成。

登录方式分免验证登录和验证登录两种方式。

（1）免验证登录。选择登录方式为"免验证登录"，直接点击"登录"按钮进行登录。

验证登录只能启动"虚拟界面系统"和"控制界面系统"。

（2）验证登录。选择登录方式为"验证登录"，在"身份选择"中选择对应的身份，然后输入用户名和密码登录。身份分管理员、教师、学生三种。

4.1.3 教师使用说明

（1）功能概述。用于浏览、添加、删除及修改学生信息，主要信息有学号、姓名、班级。

（2）操作说明：

1）添加功能。首先点击"添加"按钮，输入学号、姓名、年级，然后点击保存。

2）修改功能。先选中一条信息点击"修改"按钮，然后依次输入要修改的学号、姓名、年级信息，最后点击"保存"按钮。

3）批量导入。将保存在外部 excel 中的学生信息导入数据库，点击"批量导入"按钮，找到并选中编制好学生信息的 excel 文件（文件类型为 . xls），然后点击"打开"按钮，此时学生信息维护列表将显示新导入的数据信息。

4）导出信息。将学生信息列表中的信息导成外部文件，点击"导出"按钮，选择要导出的路径，并命名文件，然后点击"保存"按钮进行保存。

5）删除功能。先在学生信息列表中选择要删除的记录（可选择一条或多条），然后点击"删除"按钮。

4.1.4 学生使用说明

用户以学生角色登录管理系统，启动虚拟服务器。

（1）功能概述。实现任务的选择，进行正常考试流程的控制（计划选择和结束考试），进行无缝钢管轧制部分和异常诊断的考核。

（2）操作流程：

1）选择不同的考核模块，列表中会同时显示不同考核模块的任务选择，默认为整体工艺考核。

2）选择任务列表中的数据，鼠标左键点击选中数据（可以进行多个任务选择）。选中数据之后，点击"计划选择"。此时会弹出确认对话框，点击"确定"按钮后，计划选择成功。同时计划选择按钮变为不可点击。如果点击"取消"按钮，说明取消了选择的计划。

3）考试结束后，点击"结束考试"按钮，结束本次考试（若虚拟界面或者控制界面未关闭，那么结束考试后"控制界面"和

"虚拟界面"会提示用户考试结合,点击"确定"后,界面关闭)。

4)点击"关闭"按钮,退出虚拟服务器界面。

习　题

4-1-1　阐述热轧无缝钢管基本生产工艺及生产特点。

4-1-2　热轧无缝钢管主要有哪些设备?

4.2　环形加热炉系统

4.2.1　环形加热炉工艺主画面操作流程

点击菜单栏的"环形加热炉加热系统",进入环形加热炉加热系统,点击下方的"工艺主画面"子菜单,进入环形加热炉工艺主界面。当点击加热一段设定温度的蓝色区域时,子菜单下方的消息栏处显示相应的提示信息,同理,其他蓝色区域也对应显示其加热段的提示信息。当双击加热一段温度设定区域,加热一段下方蓝色区域将会变为可编辑状态,在此输入设定温度,设定温度将会更新到所属的实际温度显示框内。同理,之后的几个加热段同样操作。

在炉时间显示的为钢坯在环形加热炉中的加热时间。

当加热温度设定好后,操作人员方可切换到操作台界面(或硬件操作台),进行环形加热炉加热钢坯的操作。

4.2.2　环形加热炉操作台操作流程

加热炉的操作可以分为软件 HMI 界面操作台操作(环形加热炉 HMI 操作台界面)和现场硬件操作台(环形加热炉现场硬件操作台)。

(1)软件 HMI 界面操作台操作流程。当加热炉工艺主界面参数设定完成之后,将界面左下方的切换模式切换到"HMI 操作"(选中后状态为黑色），点击下方子菜单中"操作台"，切换到环形加热炉操作界面。环形加热炉操作台主要工作是对加热炉的装料、出料以及自动手动控制等功能的操作，点击各操作按钮，即可控制加热炉的运行。

手动模式：首先将"联锁"旋钮切换到"解锁"状态，然后将"转换"旋钮切换到"手动状态"。操作台分为主操台和辅助操作台。

在"锁住"挡位时，除了"急停"旋钮和"转换旋钮"可以操作外，其他旋钮操作无效。

当"联锁"旋钮在"解锁"挡位时，主操作台上的工作人员可以进行送料操作，操作如下：

1）点击"上料"按钮（前提选择好计划），将圆钢送入送料辊道上。

2）操作"升降"旋钮到"降"挡位，将送料夹子下降到送料辊道。

3）操作"松紧"旋钮到"紧"挡位，将送料夹子加紧圆钢钢坯。

4）操作"升降"旋钮到"升"挡位，将送料夹子上升到与送料口平齐位置。

5）操作"入料炉门"旋钮"升"挡位，将入料炉门打开，方便圆钢送入。

6）操作"进退"旋钮到"进"挡位，夹住钢坯经过送料口送到环形加热炉内。

7）操作"升降"旋钮到"降"挡位，将钢坯放到环形加热炉炉底。

8）操作"松紧"旋钮到"松"挡位，使送料夹子松开钢坯。

9）操作"升降"旋钮到"升"挡位，将送料夹子上升到与送料口平齐位置。

10）操作"进退"旋钮到"退"挡位，将送料夹子后退到送料辊道。

11）操作"入料炉门"旋钮到"降"挡位，将入料炉门关闭，完成一块圆钢的送料操作。

12）操作"炉体转动"按钮，加热炉转动一个角度，进行下一块圆钢的装入。

辅助操作台的操作：当所需圆钢加热完成时，此时辅助操作台的工作人员进行出料操作，操作如下：

在练习模式下，如果下达的钢坯已经全部入炉，想要快速转动炉体，将钢坯加热好送到出料位，即可在出料炉门进料炉门关闭的前提下，点击"一键转动"，将钢坯转到出料炉门（在钢坯未转到出料位时，不可以操作入料和出料炉门）。

当钢坯在炉料位置，即可以进行出料操作：

1）操作"出料炉门"旋钮到"升"挡位，将出料炉门打开，方便出料夹子伸入加热炉加料。

2）操作"升降"旋钮到"升"挡位，将出料夹子上升到与出料口平齐位置。

3）操作"进退"旋钮到"进"挡位，将出料夹子通过出料口伸入环形加热炉内。

4）操作"升降"旋钮到"降"挡位，将出料夹子下降到炉底可加料位置。

5）操作"松紧"旋钮到"紧"挡位，使出料夹子加紧加热后的钢坯。

6）操作"升降"旋钮到"升"挡位，将出料夹子和加热钢坯上升到出料炉门平齐位置。

7）操作"进退"旋钮到"退"挡位，使出料夹子夹住加热的钢坯后退到出料辊道。

8）操作"出料炉门"旋钮到"降"挡位，将出料炉门关闭，防止空气进入和保持炉温。

9）操作"升降"旋钮到"降"挡位，将出料夹子下料到出料辊道上方。

10）操作"松紧"旋钮到"松"挡位，将加热的钢坯下放到出料辊道上。

11）操作"铁皮辊道"旋钮，将加热的圆钢表面的氧化铁皮去掉，并将圆钢放在出料辊道处。

12）操作"停位"旋钮到"1"或"2"挡位，使出料辊道转动，运走圆钢到下一工序。

（2）硬件操作台操作。与软件 HMI 界面操作台操作流程相同。

 ## 习 题

4-2-1 阐述环形加热炉的工作原理及基本操作步骤。

4-2-2 阐述环形加热炉的常见工况和排除方法。

4.3 穿孔机系统

4.3.1 穿孔机工艺画面操作流程

点击主菜单中"穿孔机组穿孔系统"进入穿孔机组穿孔系统，点击下方子菜单中"工艺主画面"，进入穿孔机工艺主画面界面。穿孔机工艺主画面主要工作是设定穿孔机组穿孔时的轧辊距离与顶头直径，当鼠标移动到轧辊距离右侧蓝色区域或者是顶头直径右侧的蓝色区域时，子菜单下方会显示相应的提示信息，当用户双击轧辊距离右侧的蓝色区域时，会变为可编辑状态，在此输入轧辊距离，从而改变了穿孔机穿孔时的实际轧辊距离。同理，顶头直径也是这样操作。轧辊距离和顶头直径的数值输入不当的话，可能会引发工况。

导板距离、前伸量、顶杆直径为计划选择中的参数。

4.3.2　穿孔机操作台操作流程

穿孔机的操作可以分为软件 HMI 界面操作台操作（穿孔机 HMI 操作台界面）和现场硬件操作台（穿孔机现场硬件操作台界面）。

（1）穿孔机 HMI 界面操作。当穿孔机工艺主界面参数设定完成之后，将界面左下方的切换模式切换到"HMI 操作"（选中后状态为黑色），点击下方子菜单中"操作台"，切换到穿孔机操作界面。穿孔机操作台主要工作是对加热好的钢坯进行穿孔的操作，点击各操作按钮，即可操作穿孔机的运行。穿孔机操作动作主要分几个步骤：圆钢从环形加热炉出来，撞到撞锤上，先翻料，翻料钩翻过去，把圆钢翻到台子上，自然就滚落到穿孔机前，进行送料，然后控制芯棒进退、抱芯辊开关，进行圆钢的穿孔操作，当系统发生故障时，点击急停按钮将穿孔机操作台停止。具体操作如下：

1）芯棒进退拉杆到"前进 1 挡"或者"前进 2 挡"，将芯棒送到穿孔位置（就是离轧辊台肩前方的前伸量位置），此时拉杆恢复到"停止"位置。

2）操作抱芯辊开关拉杆到"全体抱住"，3 个抱芯辊抱住芯棒。

3）当圆钢通过环形加热炉出口辊道运到穿孔机入口端，撞击撞锤并停止，操作翻钢送料拉杆到"翻料"位置，翻料钩将圆钢翻料到入口翻床，从翻床滚落到受料槽，操作翻钢送料拉杆到"复位"，翻料钩恢复。

4）操作翻钢送料拉杆到"送料"位置，液压机推钢设备将圆钢顺着受料槽顶入到穿孔机，向穿孔机方向前进一段距离后，操作翻钢送料拉杆到"复位"位置，液压机恢复到原来位置。

5）当圆钢通过穿孔机轧辊后，经过第一个抱芯辊前，操作抱芯辊开关拉杆到"1 号抱芯辊小开"，第一个抱芯辊小开。

6）通过第二个抱芯辊前，操作抱芯辊开关拉杆到"2 号抱芯辊小开"，第二个抱芯辊小开。

7）通过第三个抱芯辊前，操作抱芯辊开关拉杆到"3 号抱芯辊小开"，第三个抱芯棒小开。

8）穿孔完毕后，操作芯棒进退拉杆到"后退 1 挡"或"后退 2 挡"，芯棒后退，从毛管中抽出。

9）当芯棒从毛管完全抽出并处于停止状态时，操作抱芯辊开关至"全体大开"。

10）抱芯辊全体大开后，点击"毛管翻料"按钮（现场为踏住），出口拨料移动臂将毛管翻到斜翻床横移车链槽，翻料钩自动复位。

11）点击"毛管平移"按钮（现场为踏住），横移车料槽向 Assel 入口端平移将毛管运到 Assel 进行轧制。

（2）穿孔机硬件操作台操作。与穿孔机 HMI 界面操作相同。

（3）穿孔机工况产生与处理。设备操作、参数设定以及设备本身等因素都有可能造成生产操作过程中的工况产生，工况的产生需要操作员正确的处理。

1）钢坯弯曲。由于加热不均匀或者钢坯本身原因等因素，都有可能造成钢坯弯曲的情况，那么弯曲的钢坯进入穿孔机进行穿孔，会造成钢坯轧废的情况。本软件为了考核操作员处理弯曲钢坯的工况问题，在选择的计划钢坯的首根钢坯会随机性地产生弯曲钢坯（弯曲的钢坯视觉可分辨）。当弯曲的钢坯被翻进轧机，虚拟界面和控制界面会提示用户钢坯弯曲，此时用户应该在确定了虚拟界面的提示信息后，迅速点击"急停"按钮，然后点击"挑出毛管"按钮，那么弯曲的钢坯就会被挑出，本钢坯的后续操作为满分，继续进行下根钢坯穿孔操作。如果解决错误，那么本根钢坯穿废，后续操作为零分。

2）钢坯前卡。钢坯前卡的主要原因之一是由于设置的辊缝距离过小，使穿孔机轧辊无法将钢坯咬入进行穿孔。第一次出现了前卡现象后，虚拟界面和控制界面会给予提示信息，确认了提示信息后，首先点击"急停"按钮，使设备终止，然后将辊缝设置到适合距离，点击"管坯掉头"，将管坯掉头后继续穿孔。如果处理不当，就会造成管坯轧废的情况，管坯轧废后本根钢坯后续操作为零分。继续下根钢坯穿孔操作。

3）管坯后卡。管坯后卡的主要原因之一是由于顶头参数设置过大。如果操作员设置的顶头参数过大，那么就会产生钢坯后卡的现象。钢坯后卡，那么本次钢坯就被轧废，在处理了轧废的钢坯后，本根轧废钢坯后续操作为零分。继续进行下根钢坯穿孔操作。

 习 题

4-3-1   阐述穿孔机的工作原理。

4-3-2   阐述穿孔机的基本操作步骤。

4-3-3   阐述穿孔机常见工况及排除方法。

4.4   Assel 轧管机系统

4.4.1   Assel 参数显示界面操作流程

点击"Assel 机组轧制系统"，切换至 Aseel 工艺参数显示界面。工艺参数显示界面主要是对 Aseel 轧机中各类轧制参数的动态显示。界面左边 PREPOSITIONING WINDOW NR. 1 区域内显示轧机运行时的变化参数；界面右边 Rooling Data 区域内显示用户设定参数区域。

4.4.2   Assel 参数设定操作流程

点击子菜单中"参数设定"，切换到 Aseel 机组的参数设定界面。参数设定界面主要工作是根据用户输入的设定值改变轧机中参数的实际值，当用户鼠标停放在 Rooling Gap 右侧蓝色区域时，在子菜单下方空白区域会显示相应的提示信息，当双击蓝色区域时，会变为可编辑状态，用户可以在此输入设定的参数值。同理，Threading Angle、Feed Angle、Rooling Duration、Biting Speed 操作一致。

4.4.3 Assel 轧机操作流程

Assel 轧机操作可以分为软件 HMI 界面操作台操作（Assel 轧机前台 HMI 操作台界面和 Assel 轧机后台 HMI 操作台界面）和现场硬件操作台（Assel 轧机现场硬件操作台）。

4.4.3.1 Assel 轧机软件 HMI 界面操作

Assel 轧机软件 HMI 界面操作分为自动操作（仅在练习模式下可用）和手动操作。

A 自动操作

当穿完孔的钢坯被斜床送到 Assel 轧机翻料位置时，操作人员首先切换到参数设定界面将参数输入设定完毕。

然后切换到轧机操作界面，将抱芯辊冷却水、芯棒外冷却水、芯棒内冷却水、芯棒小车、主电源和轧机打开，设备状态恢复到初始位置。

最后将"转换"旋钮切换到"自动"状态，点击"翻料钩"按钮，此时，系统设备会按照标准执行顺序将毛管轧制成指定荒管送到下道工序。

B 手动操作

a 准备工作

当穿完孔的钢坯被斜床送到 Assel 轧机翻料位置时，操作人员首先切换到参数设定界面将参数输入设定完毕。

然后切换到轧机操作界面，将抱芯辊冷却水、芯棒外冷却水、芯棒内冷却水、芯棒小车、主电源和轧机打开，设备状态恢复到初始位置。

b 操作

（1）依次将升降输送辊 1～4 号切换到毛管位置。

（2）点击挡管器的"压下"按钮将挡管器压下。

（3）点击"翻料钩"按钮将毛管翻到升降输送辊上，翻料钩将毛管发动完毕后会自动恢复初始状态。

（4）依次点击抱芯辊1~3号的"抱毛管"，控制抱芯辊将毛管抱住。

（5）点击"升降输送辊"到"前进"状态。

（6）点击"芯棒进退"到"慢进"或"快进"状态，将芯棒小车开动，进行预穿孔操作。

（7）在芯棒小车前进的过程中，依次开启芯棒托辊1号、2号、3号、4号到低位状态，让芯棒小车顺利穿进毛管。

（8）当芯棒小车预穿孔完毕后，小车已经顶住限动梁，且"小车限动"的指示灯变亮（绿色）。

（9）点击"挡管器"到"抬起"状态，此时毛管将被送入轧辊轧制。

（10）点击"限动梁"到"前进"状态，使芯棒小车继续向前移动。

（11）如果下达的计划为轧制薄壁管，若薄壁管的荒管径壁比大于16时，需要进行"快合闭"的操作（在生产薄壁管时，为防止荒管前端产生喇叭形扩口，上轧辊的辊缝预先设定在比正常轧制辊缝稍大的位置），即在毛管咬入轧机前，点击"快合闭"按钮到启动状态。

（12）当毛管被咬入轧辊，依次将升降输送辊1~4号切换到"低位"并将升降输送辊切换到"停止"状态。

（13）随着毛管逐渐通过轧机，依次脱离抱芯辊，此时应将毛管脱离的抱芯辊依次切换到"抱芯棒"状态。

（14）如果下达的计划为轧制薄壁管，若薄壁管的荒管径壁比大于12时，需要进行"快打开"操作（在生产薄壁管时，为防止荒管后端产生尾部三角形状，在毛管尾端出来台肩前，上轧辊的辊缝被打开一个较大的位置，对钢管尾部不减壁）。

（15）当毛管完全通过轧机（此时毛管已经被轧制成荒管），点击"操作台—轧机"将操作界面切换到 Assel 操作台—轧机界面，点击此界面的"液压板"到"压下"状态,将液压板压下。

(16)此时轧制完成,开始进行抽芯棒操作,依次将升抱芯辊1~3号切换到"大开"状态。

(17)将升降输送辊1~4号切换到"芯棒"位置并且将"升降输送辊"切换到"后退"状态。

(18)将"芯棒进退"切换到"慢退"或者"快退"状态并且将"限动梁"切换到"后退状态"。

(19)在芯棒小车后退的过程中,依次开启芯棒托辊4号、3号、2号、1号到"上升位"状态,让芯棒小车顺利穿进毛管。

(20)当芯棒已经抽出荒管后,点击"液压板"到"抬起"状态。

(21)点击"输送辊1~3"、"输送辊4~7"到"上升"状态,并且点击"输送辊1~7转动"到"转动"状态,将荒管运送到下道工序。

(22)当荒管被运送到下道工序后,本次荒管轧制完毕。如果进行下根钢坯的轧制,应该先将设备复位;如果不再进行轧制,应将设备复位后,并将冷却水开关和轧机开关以及电源开关关闭。

4.4.3.2 Assel 轧机硬件操作台操作

由于 Assel 轧机操作控件繁多,一些辅助性或者操作频率不高的控件可以在 HMI 界面辅助操作。通过硬件操作台操作轧机时,需要 HMI 界面辅助的控件有:"抱芯辊1~3冷却水开"、"抱芯辊1~3冷却水关"、"芯棒内冷却水开"、"芯棒内冷却水关"、"芯棒外冷却水开"、"芯棒外冷却水关"、"芯棒小车电源开"、"芯棒小车电源关"、芯棒托辊 N 号上升位(N 表示1~4)、芯棒托辊 N 号下降位、"主电源"、"轧机打开"、"轧机关闭"。除了上述控件外,其他控件在现场模式下,都需要在硬件操作台操作。

现场操作和 HMI 操作设备顺序是一样的,只是个别控件的控制

与 HMI 界面控件有些不同。如控制入口升降输送辊的位置，需要
"入口输送辊 1 号、2 号、3 号、4 号"和"入口输送辊芯棒位、毛
管位、低位"来控制 1~4 号升降位置，具体操作演示为：将"入口
输送辊 1 号、2 号、3 号、4 号"切换到"1 号"，把"入口输送辊
芯棒位、毛管位、低位"切换到"毛管位"，那么 1 号升降输送辊就被切
换到毛管位置，此时再将"入口输送辊 1 号、2 号、3 号、4 号"切换到
"2 号"，把"入口输送辊芯棒位、毛管位、低位"切换到"毛管位"，那么
2 号升降输送辊就被切换到毛管位置，以下类似。同理，抱芯辊操作类
似。其他控件的操作都与 HMI 界面操作相同。

4.4.3.3　工况处理

（1）芯棒折断。由于芯棒的频繁使用和磨损，如果不及时更换
质量合格的芯棒，在生产中会偶尔出现芯棒折断的情况，以致造成
工况。这需要操作人员具有在工况产生后完善解决的能力。在操作
过程中如果发生芯棒折断的工况，虚拟界面会弹出提示框提示用户
虚拟界面操作发生钢管折断的状况，此时操作员需要在确认了虚拟
界面的工况后，点击"急停"按钮，然后点击"换芯棒"按钮，那
么芯棒就会更换成合格芯棒，本钢坯后续操作将无需操作，操作成
绩满分。未正确处理，那么将会造成工况错误解决，本钢坯后续操
作无需操作，后续操作分数为零分。

（2）轧制不抱毛管。在毛管咬入轧机时，抱芯辊抱住毛管是为
了固定毛管，防止毛管在轧制过程中剧烈晃动以致轧废。如果毛管
咬入轧机后，尚未操作抱芯辊抱毛管，那么毛管将会被轧废，本根
钢坯轧制无效，后续操作为零分。继续下根钢坯轧制。

（3）快打开。在生产薄壁管时，为防止荒管后端产生尾部三角
形，在毛管尾端出来台肩前，上轧辊的辊缝被打开一个较大的位置，
对钢管尾部不减壁，一般需要快打开的薄壁管规格都是成品规格径
壁比大于 12 的薄壁管（径壁比可鉴于选择的计划）。那么操作员选
择计划时就应该计算出本计划钢坯是否需要进行快打开操作。在毛

管尾端将要通过台肩前点击"快打开"按钮，那么轧机自动快打开。若未操作"快打开"按钮，那么本次钢坯会产生尾部三角形，荒管轧废，后续操作为零分。

（4）快合闭。同样是在生产薄壁管时，为防止荒管前端产生喇叭形扩口，上轧辊的辊缝预先设定在比正常轧制辊缝稍大的位置，一般需要快合闭的薄壁管规格都是成品规格径壁比大于 16 的薄壁管（径壁比可鉴于选择的计划）。那么操作员选择计划时就应该计算出本计划钢坯是否需要进行"快合闭"操作。在毛管头部将要通过台肩前点击"快合闭"按钮，那么轧机自动快打开。若未操作"快合闭"按钮，那么本次钢坯会产生喇叭口的形状，荒管轧废，后续操作为零分。

 习 题

4-4-1 阐述 Assel 轧机的工作原理。

4-4-2 阐述 Assel 轧机基本操作步骤。

4-4-3 阐述 Assel 轧机常见工况及排除方法。

4.5 微张减径系统

4.5.1 微张减径工艺主画面操作流程

点击主菜单"微张减机系统"，切换进入微张减机工艺主画面，此界面主要作用是对微张减径机的运行状态监控以及一些参数的设定。

4.5.2 微张减径操作台操作流程

4.5.2.1 设备操作

当轧机将物料轧制完毕送料到微张力定减径机时，点击"主电机合闸"和"叠加电机合闸",轧机转动将荒管进行定减径操作。点击"主电机分闸"或者"叠加点击分闸"会使微张力定减径机断电,停止运行。如果轧机出现紧急情况,可点击"急停"按钮使操作停止。

4.5.2.2　工况产生及解决

当定减径机产生外径过大的工况时,虚拟界面会弹出工况产生的消息提示框,在确认了消息提示框后,点击"急停"按钮。当设备急停后,点击"反转荒管"按钮。荒管反转,将外径小的那端荒管放到入口,然后确认虚拟界面弹出的反转情况后,取消急停操作,开启主电源和叠加电源开关,荒管将正常被处理。若操作人员在产生工况后,未正确处理或者不及时处理(20s 内处理工况)将使工况解决错误,造成荒管轧废,并扣除相应分数。

 习　题

4-5-1　定减径的目的?

4-5-2　阐述微张力定减径的设备操作步骤。

4-5-3　微张力定减径常见的工况有哪些? 如何排除?

4.6　操作步骤与评分标准

4.6.1　控制界面参数范围及评分

考核系统考核四个模块的参数设定、操作步骤以及异常工况的处理。每支管坯满分 100 分。每支管坯得分包括参数设定得分和操作步骤得分。一次考试可以选择多条计划,每条计划中可以包含多支管坯,一次考试的总分等于选择计划中所包含的管坯的得分总和。

参数设定评定见表4-1。

表4-1 参数设定评定表

模块名称	名称	允许范围		正常范围	分值	总分
		数值下限	数值上限			
加热炉	预热区温度	1010	1400	规定范围在加热制度表	2	10
	加热一区温度	1160	1400		2	
	加热二区温度	1220	1400		2	
	均热区温度	1220	1400		2	
	加热时间	90	180	+30	2	
穿孔机	轧辊距离	90	210	±5mm	2	4
	顶头直径	80	300	±5mm	2	
Assel	孔喉设置	85	300	±5mm	2	8
	辗轧角设置	3	6	±0.5°	2	
	送进角设置	4	12	±0.5°	2	
	Biting Speed 设置	0	100	±0.5%	2	
微张减径机	主加电机速度设置	100	140	±10A	2	4
	叠加电机速度设置	100	140	±10A	2	

4.6.2 控制界面操作步骤提示及评分

（1）加热炉操作步骤评定见表4-2。

表4-2 加热炉操作评分表

编号	步骤名称	步骤说明	分值
1	进料钳夹料时未松开	进料钳夹料前，夹子未松开	1
2	送料时炉门未打开	进料钳夹着管坯前进的时候，入料炉门未打开	1
3	进料钳未到炉内装料位上方下降	点击进料料钳下降时，未在炉内装料位上方	1
4	进料钳放料时未到下限位	进料钳夹未到下限位，松开管坯	1

编号	步骤名称	步骤说明	分值
5	炉内装料位有料时装料	装入一支管坯后，炉体未转动就下降装料	1
6	炉体转动碰撞进料钳	进料钳在炉体内时，炉体转动	1
7	入料炉门碰撞进料钳	进料钳在炉体内时，操作进料炉门下降	1
8	出料前炉门未打开	出料钳将要进入炉体夹料时，出料炉门未打开	1
9	出料钳夹料时未松开	出料钳夹料前，夹子未松开	1
10	炉体转动碰撞出料钳	出料钳在炉体内时，炉体转动	1
11	出料炉门碰撞出料钳	出料钳在炉内出料时，操作出料炉门下降	1
12	出料钳未到铁皮辊道上方下降	点击出料钳下降时，未在铁皮辊道上方	1
13	出料钳放料时未到下限位	出料钳夹未到下限位，松开管坯	1

（2）穿孔机操作步骤评定见表 4-3。

表 4-3　穿孔机操作步骤评定

编号	步骤名称	步骤说明	触发条件	分值
1	送芯棒错误	点击芯棒前进时，抱芯辊未处于全体大开状态	用户点击芯棒前进，但目前状态处于全体抱住或者是 1 号~3 号抱芯辊处于小开状态	1
2	抱芯辊全体抱住错误	点击抱芯辊全体抱住时，芯棒未处于停止状态	用户点击全体抱住，但前状态为前进 1、前进 2、后退 1、后退 2	1
3	翻料错误	点击翻料时，推料器未处于复位状态	没有收到推料器复位的信号，用户就点击翻料	1

编号	步骤名称	步骤说明	触发条件	分值
4	1 号抱芯辊未小开	毛管到达 1 号抱芯辊前面时，1 号抱芯辊未处于小开	收到 1 号抱芯辊小开的信号，但用户没有点击 1 号抱芯辊小开	1
5	2 号抱芯辊未小开	毛管到达 2 号抱芯辊前面时，2 号抱芯辊未处于小开	收到 2 号抱芯辊小开的信号，但用户没有点击 2 号抱芯辊小开	1
6	3 号抱芯辊未小开	毛管到达 3 号抱芯辊前面时，3 号抱芯辊未处于小开	收到 3 号抱芯辊小开的信号，但用户没有点击 3 号抱芯辊小开	1
7	抽芯棒错误	点击抱芯辊全体大开时，芯棒未完全从毛管抽出	没有收到芯棒完全从毛管中抽出的信号，用户就点击全体大开	1
8	毛管翻料错误	点击毛管翻料时，抱芯辊未处于全体大开状态	用户点击毛管翻料，但是抱芯辊没有全体大开	1

（3）Assel 轧机操作步骤评定见表 4-4。

表 4-4　Assel 轧机操作步骤

编号	步骤名称	步骤说明	分值
1	翻料时，抱芯辊未全大开	点击翻料钩翻料时，抱芯辊未全部大开	2
2	抱芯辊未全部抱住毛管	当芯棒前进穿入毛管时，抱芯辊未全在抱芯棒位置	2
3	芯棒外冷却水未打开	当芯棒进退时，芯棒外冷却水未打开	2
4	芯棒内冷却水未打开	当芯棒进退时，芯棒内冷却水未打开	2
5	机前挡管器未压下	当芯棒前进穿入毛管时，挡料器未压下	2

续表 4-4

编号	步骤名称	步骤说明	分值
6	轧机未转动，毛管撞到轧辊	当升降输送辊前进时，轧机未转动，毛管撞到轧辊上	2
7	轧制薄壁管时，未快合闭	在毛管被轧辊咬入前，未设置快合闭	2
8	升降输送辊未低位	毛管咬入轧制后，未操作升降输送辊到低位	2
9	升降输送辊未停止转动	毛管咬入轧制后，升降输送辊未停止转动	2
10	机后液压板未抬起	当毛管头部通过轧机将要到达液压板时，机后液压板未打开	2
11	轧制过程中，抱芯辊未抱芯棒	轧制过程中，毛管依次通过抱芯辊时，3 号~1 号抱芯辊未依次进行"抱芯棒"操作	2
12	轧制薄壁管时，未快打开	轧制薄壁管时，在荒管尾部将要通过轧辊台肩之前，上轧辊未快打开	2
13	抽芯棒时，液压板未压下	在荒管尾端通过轧辊台肩时，液压板未压下	2
14	抽芯棒时，抱芯辊未全大开	当抽芯棒时，抱芯辊未全部大开	2
15	抽芯棒时，升降输送辊未在芯棒位	当抽芯棒时，升降输送辊未全部在芯棒位	2
16	当抽芯棒的时候，机后输送辊未在下降位	当抽芯棒的时候，机后输送辊 1~3 未在下降位	2
17	升降输送辊转动错误	当芯棒前进穿入毛管时，升降输送辊在毛管位，升降输送辊正转时未压下挡管器	2
18	轧制未预穿孔	毛管轧制过程中，芯棒未进行毛管预穿孔	4

4.6.3 钢种和规格

六种常用的钢种为 37Mn5、25Mn2V、27SiMn、45 号钢、40Cr、15CrMoG。

某热轧管分厂 ϕ120 机组环形炉加热制度见表4-5。

表 4-5 某热轧管分厂 ϕ120 机组环形炉加热制度

牌号	管坯直径 /mm	温度制度/℃				在炉时间 /min
		一段	二段	三段	四段	
37Mn5	150	1060~1100	1220~1260	1280~1320	1280~1320	≥110
25Mn2V	150	1060~1100	1220~1260	1280~1320	1280~1320	≥110
27SiMn	150	1060~1100	1210~1250	1270~1310	1270~1310	≥110
45 号钢	150	1060~1100	1220~1260	1280~1320	1280~1320	≥110
40Cr	120	1060~1100	1220~1260	1280~1320	1280~1320	≥90
15CrMoG	150	1060~1100	1220~1260	1280~1320	1280~1320	≥110

 习 题

4-6-1 如何确定管坯的加热制度?

4-6-2 阐述穿孔机的正确操作。

4-6-3 阐述轧管机的正确操作。

5　金属压力加工实训

压力加工实训室课程实践评分标准见表 5-1。

表 5-1　压力加工实训室课程实践评分标准

项　目	评 分 标 准	得分
出勤及工作态度 （20%）	工作态度 10%，出勤 10%	
习题成绩（20%）	每个错误扣 0.5%	
工作单 1（25%）	换辊操作 10%，轧件质量 10%，工作单成绩 5%	
工作单 2（15%）	生产线自动操作 5%，手动操作 5%，工作单成绩 5%	
工作单 3（10%）	轧机启停操作 5%，工作单成绩 5%	
模拟考工（10%）	共 5 题，每题 2%（问答）	
合　计		

5.1　工作单——二辊可逆轧机实训

所用设备及工具	
实践任务	二辊可逆轧机的拆装、调整及压下操作
具体步骤及数据	对实验室所用轧机进行换辊操作并对安装完毕的轧机进行辊缝调整（写出轧机换辊的先后顺序）；将原料铅坯轧成 $1^{+0.05}_{-0.05}$ mm，要求两侧边厚度差不超过 0.02mm。
教师评分	教师签字：

5.2 工作单——三连轧模拟生产线实训

所用设备及工具	
实践任务	轧钢生产线的操作
	能够以自动及手动的方式操作热连轧带钢生产线；调整各个气动及液压装置的动作速度；写出生产线 PLC 错误代码，指出修正措施，并写出生产工艺流程。
具体步骤及数据	
教师评分	教师签字：

5.3 工作单——小型四辊可逆轧机模拟实训

所用设备及工具	
实践任务	小型四辊可逆轧机的操作
	要求：能够对四辊可逆轧机进行启动、停止操作。写出轧机的操作步骤。
具体步骤及数据	
教师评分	教师签字：

5.4 工作单——热工实训挥发分测定

所用设备及工具	
实践任务	掌握固体燃料挥发分测定
具体步骤及数据	要求：能够正确掌握马弗炉的操作。
教师评分	出勤：优　良　中　差 综合表现：优　良　中　差 技能：熟练　一般　差 其他： 教师签字：

5.5　工作单——热工实训黏结指数测定

所用设备及工具	
实践任务	掌握固体燃料的黏结指数测定方法
具体步骤及数据	要求：能够正确掌握马弗炉的操作。
教师评分	出勤：优　良　中　差 综合表现：优　良　中　差 技能：熟练　一般　差 其他： 　　　　　　　　　　　　　　　教师签字：

5.6　工作单——热工实训热电偶制作

所用设备及工具	
实践任务	掌握测温热电偶的制作方法
具体步骤及数据	要求：能够正确制作热电偶。
教师评分	出勤：优　良　中　差 综合表现：优　良　中　差 技能：熟练　一般　差 其他： 教师签字：

习　题

（1）判断题（正确的请在括号内打"√"，错误的请在括号内打"×"）：

1）从数据和实验中都获得共识：轧机的弹跳值越大，说明轧机抵抗弹性变形的能力越强。（　　　）

2）在轧制生产过程中，轧辊与轧件单位接触面积上的作用力，称为轧制力。（　　　）

3）轧制压力只能通过直接测量的方法获得。（　　　）

4）轧制压力是轧钢机械设备和电气设备设计的原始依据。（　　　）

5）轧机的主马达，在轧制生产过程中，在负荷力矩不超过电动机额定力矩与过载系数乘积的情况下，即能正常工作，连续工作，不应有其他问题出现，应属安全运转范围内。（　　　）

6）在轧制生产过程中，轧辊的轴向调整装置是用来调整辊缝的，轧辊的压下装置主要是用来对正轧槽的。（　　　）

7）采用间接测量轧制力矩的方法是：测出主电机功率后，求出电机力矩，进而推算出轧制力矩。（　　　）

8）光电式测宽仪，检测部分有两个扫描器，用来扫描带钢边缘部分的像，以测定带钢的宽度变化。（　　　）

9）板带钢轧制生产，其精轧机有两种传动方式：一种是工作辊传动；另一种是支撑辊传动。（　　　）

10）由于油膜轴承的油膜厚度一般在 0.025 ~ 0.07mm，微小的杂质就会破坏油膜，造成轴承损伤，因此必须保持油质的清洁。（　　　）

11）轧机的弹塑性曲线是轧机的弹性曲线与轧件的塑性变形曲线的总称。（　　　）

12）在轧制生产过程中，轧辊辊头同时受弯曲应力和扭转应力。（　　　）

13）使用滚动导卫装置主要是为了提高产品的尺寸精度。（　　　）

14）在现代热轧生产中多采用控制轧制技术，其目的是为了细化晶粒，改善轧件的性能，提高产量。（　　　）

15）在现代轧制生产中多采用控制轧制技术，控制轧制的主要优点是提高钢材的综合性能，简化生产工艺过程，降低生产成本。（　　　）

16）轧制成品的力学性能与原料的化学成分有直接的关系，因此说带钢卷

取时的温度高低不会影响其力学性能的好坏。（　　　）

17）在轧制实际操作中，$D_上 > D_下$易造成轧件出现向上翘头现象。（　　　）

18）在轧制生产过程中，为了获得良好的板形，必须使带材沿宽展方向上各点的延伸率和压下率基本相等。（　　　）

19）在轧制极薄带钢时都用细辊径的轧辊进行轧制，这是因为轧辊变细，轧制力变大的缘故。（　　　）

20）在轧钢生产中，金属的轧制速度和金属的变形速度是截然不同的两个概念。（　　　）

21）轧制压力就是在变形时，轧件作用于轧辊上的力。（　　　）

22）消除钢材的加工硬化，一般都采用淬火处理的方式解决。（　　　）

23）金属的同素异晶转变会引起体积的变化，同时将产生内应力。（　　　）

24）轧件宽度对轧制力的影响是轧件宽度越宽，轧制力越大。（　　　）

25）对钢材进行回火热处理，其目的是降低脆性，提高钢材的塑性和韧性。（　　　）

26）对钢材进行淬火热处理的目的就是为了提高其塑性，消除或减轻其内部组织缺陷。（　　　）

27）带钢的卷取温度越高，带钢的晶粒越细，从而其机械性能越好。（　　　）

28）在控制轧制时，一般都要使开轧温度尽可能降低，但这种降低是有限度的，尤其受到其终轧温度的影响。（　　　）

29）在相对压下量一定的情况下，当轧辊的直径增大或轧件的厚度减小时，会引起单位压力的减小。（　　　）

30）压力加工实验，压缩一个三棱柱体金属块，只要压力足够大，最终截面形状不是三角形而变为圆形。（　　　）

31）控制轧制可以提高钢的机械性能。（　　　）

32）不论哪种轧制方式，轧制时变形区均处于三向压应力状态下。（　　　）

33）轧制生产实践表明，所轧制的钢越软，则其塑性就越好。（　　　）

34）在外力作用下，金属将产生变形，在金属内部将产生与作用力相抗衡的内力，单位面积上的这种内力称为平均轧制力。（　　　）

35）在轧制过程中，单位压力在变形区的分布是不均匀的。（　　　）

36）在金属压力加工过程中，随着金属变形温度的降低，变形抗力也相应降低。（　　　）

37）后滑是轧件的入口速度大于该处轧辊圆周速度的现象。（　　）

38）在对金属进行热加工时，随着金属变形速度的增加，变形抗力也相应增加。（　　）

39）前滑是轧件的出口速度大于该处轧辊圆周速度的现象。（　　）

40）轧辊的咬入条件是咬入角大于或等于摩擦角。（　　）

41）在轧制生产过程中，塑性变形将同时产生在整个轧件的长度上。（　　）

42）当变形不均匀分布时，将使变形能量消耗降低，单位变形力下降。（　　）

43）一般情况下钢在高温时的变形抗力都较冷状态时小，但这不能说因此都具有良好的塑性。（　　）

44）对于同一钢种来说，冷轧比热轧的变形抗力要大。（　　）

45）在力学中，常规定正应力的符号是：拉应力为正，压应力为负。主应力按其代数值的大小排列其顺序，即 $\sigma_1 > \sigma_2 > \sigma_3$，规定 σ_1 是最大主应力，σ_3 是最小主应力。（　　）

46）金属中常见的晶格为体心立方晶格、面心立方晶格和密排六方晶格。（　　）

47）在平面变形的情况下，在主变形为零的方向，主应力是零。（　　）

48）在压力加工过程中，变形和应力的不均匀分布将使金属的变形抗力降低。（　　）

49）摩擦力的方向一般说来总是与物体相对滑动总趋势的方向相反。（　　）

50）一般情况下，钢的塑性越好，其变形抗力就越小。（　　）

51）变形抗力是金属和合金抵抗其产生弹性变形的能力。（　　）

52）变形的均匀性不影响金属的塑性。（　　）

53）变形抗力越大，其塑性越低。（　　）

54）金属材料抵抗弹性变形的能力称为刚性。（　　）

55）金属材料抵抗冲击载荷的能力称为冲击韧性。（　　）

56）金属材料的屈服极限和强度极限之比值，称为屈强比，实践表明此比值小，说明这种金属材料是不可靠的。（　　）

57）在钢的奥氏体区轧制时，终轧温度的提高，有利于转变后的铁素体晶粒的细化。（　　）

58）在 200~400℃时属于钢的蓝脆区，此时钢的强度高而塑性低。（　　）

59）奥氏体最高溶碳能力为 0.77%。（　　）

60）双相钢是指钢的基体是铁素体相，在铁素体相内分布着不连续的微细的马氏体相。（　　）

61）如果在热轧生产过程中，不慎把细碎的氧化铁皮压入轧件中，当轧件冷却后，在钢材表面就形成白点缺陷。（　　）

62）在检验钢材中发现麻面缺陷，麻面的产生有两种可能，一方面有炼钢工序的因素，另一方面也有轧钢工序的因素。（　　）

63）在轧钢生产单位，通常把钢材上的缺陷分为两大块，其一是钢质不良带来的缺陷，其二是轧钢操作不良造成的缺陷。（　　）

64）轧钢产品的技术条件是制定轧制工艺过程的首要依据。（　　）

65）在轧制中，终轧温度过低会使钢的实际晶粒增大，能提高其机械性能。（　　）

66）最小阻力定律，在实际生产中能帮助我们分析金属的流动规律。（　　）

67）总延伸系数等于各道次延伸系数之和。（　　）

68）轧制工艺制度主要包括产量、质量和温度制度。（　　）

69）轧制工艺制度主要包括变形制度、速度制度和温度制度三部分。（　　）

70）轧件在轧制时的稳定性取决于轧件的高宽比。（　　）

71）轧件的变形抗力越大，辊缝的弹跳值越大。（　　）

72）轧辊压力的单位是牛顿。（　　）

73）在生产中不均匀变形可以消除。（　　）

74）在产品标准中均规定有钢材尺寸的波动范围，即允许钢材的实际尺寸与公称尺寸之间有一定的偏差，这个偏差一般称为公差。（　　）

75）在变形区内金属的流动的速度都是相同的。（　　）

76）延伸系数等于轧前的横断面积与轧后横断面积之比。（　　）

77）延伸孔型对产品的形状和尺寸影响不大。（　　）

78）压下规程的主要内容包括：轧制道次、翻钢程序、各道次的压下量、各道轧件的断面尺寸等。（　　）

79）物体受外力作用产生变形时，在弹性限度以内，变形与外力的大小成正比。（　　）

80）退火是将钢加热到一定温度，保温后再快速冷却的热处理工艺。（　　）

81）铁碳相图是研究碳素钢的相变过程，以及制定热加工及热处理等工艺的重要依据。（　　）

82）铁碳平衡图中，碳在奥氏体中的溶解度曲线是 ES 线。（　　）

83）体心立方结构的铁称为 γ - Fe。（　　）

84）提高轧制速度，有利于轧件咬入。（　　）

85）碳在固体钢中的存在形式一种是固溶体，另一种是碳化物。（　　）

86）碳素钢与合金钢是按化学成分分类的，而优质钢与普碳钢是按质量分类的。（　　）

87）碳溶于 γ - Fe 中形成的间隙固溶体称为铁素体，常用符号 A 表示。（　　）

88）塑性变形是指外力消除后，能够恢复的变形。（　　）

89）受力物体内一点只要受力，就会发生塑性变形。（　　）

90）上压力是下辊直径比上辊直径小。（　　）

91）上、下轧辊的工作直径之差值，称为轧辊压力，其单位为 mm。（　　）

92）热轧时温度越高，摩擦系数越高。（　　）

93）前滑区内金属的质点水平速度小于后滑区内质点水平速度。（　　）

94）千分尺是根据螺旋副的转动转化为测量头的轴向移动来读数的。（　　）

95）平均延伸系数是根据实践人为确定的。（　　）

96）摩擦系数 f 越大，在压下率相同的条件下，其前滑越小。（　　）

97）冷轧与热轧相比具有表面质量好、尺寸精度高的优点。（　　）

98）控制轧制只要求控制终轧温度。（　　）

99）控制轧制能省去热处理工序，从而降低成本。（　　）

100）金属塑性是金属产生塑性变形而不破坏其完整性的能力。（　　）

101）金属的塑性与柔软性是一致的。（　　）

102）浇注前进行了不充分脱氧的钢称为镇静钢。（　　）

103）固体中的原子按一定规律排列时，这种固体称为晶体。（　　）

104）固溶体是溶质组元溶于溶剂点阵中而组成的单一的均匀固体，固溶体在结构上的特点是必须保持溶质组元的点阵类型。（　　）

105）钢中合金元素越多，导热系数越低。（　　　）

106）钢坯过热在金属内部的表现是：晶粒急剧长大，晶粒间结合力降低。（　　　）

107）钢号 Q235 – AF 标记中的 "Q" 是指抗拉强度。（　　　）

108）钢材的热处理操作工艺由加热、保温和冷却三个阶段组成。（　　　）

109）钢板轧制过程中，宽展量有可能大于延伸量。（　　　）

110）凡是变形量很大的金属内部一定存在加工硬化。（　　　）

111）发生过烧的钢坯不能用其他办法挽救，只能送回炼钢炉重新熔炼。（　　　）

112）对于钢材而言，可通过测定钢材的硬度，粗略换算出强度。（　　　）

113）当金属塑性变形时，物体中的各质点是向着阻力最小的方向流动。（　　　）

114）单位面积上所受的内力称为应力。（　　　）

115）单晶体呈各向异性，而多晶体呈各向同性。（　　　）

116）材料抵抗另外物体对它的压入的能力，称为硬度。（　　　）

117）变形区内金属的流动速度都是相等的。（　　　）

118）变形抗力是金属和合金抵抗弹性变形的能力。（　　　）

119）Q345 是普碳钢的一种。（　　　）

120）轧钢机的刚性越好，其辊跳值就越小。（　　　）

121）在同一轧制条件下，轧件温度越低，轧制力越大。（　　　）

122）在配辊时，上辊直径比下辊直径大称为下压力，反之称为上压力。（　　　）

123）轧制温度对于轧制来说是很重要的，而轧制后却有各种各样的冷却方式，如空冷、堆冷等，这是因为轧后冷却对钢的性能没有什么影响。（　　　）

124）裂纹、表面非金属夹杂和结疤都有可能是由于原料缺陷所造成的。（　　　）

125）热轧后轧件表面会生成氧化铁皮，其最外层是 Fe_2O_3。（　　　）

126）轧件的压下量与轧件原始高度之比称为压下率。（　　　）

127）在旋转的轧辊间改变钢锭或钢坯形状和尺寸的压力加工过程称为轧钢。（　　　）

128）调整工最终调整的尺寸，即为交货尺寸。（　　　）

129）板带钢轧制出现浪形，是在同一截面上产生不均匀变形造成的。（　　）

130）针对钢的不同化学成分，制订不同的加热制度，否则极易产生加热缺陷。（　　）

131）钢的化学成分对钢在加热过程中是否会产生过热没有关系。（　　）

132）轧机设定的辊缝一定时，入口钢坯温度越高，则出口厚度越厚。（　　）

133）钢在加热时，加热温度越高，停留时间越长，晶粒长得越大。（　　）

134）轧制生产中，每逢加大了轧辊直径，轧制力变小了，因此可以增大压下量。（　　）

135）某金属塑性变形时，受力 1000N，受力面积 200mm²，则其应力为 5MPa。（　　）

136）同素异晶转变会引起体积的变化，由于不是外力作用，所以不会产生内力。（　　）

137）钢材的矫直和冷弯型钢生产过程中，为了获得精准的形状和尺寸必须考虑到钢材的弹性变形。（　　）

138）轧制薄钢板，尤其是宽度很大的薄钢板，宽展为零，此时横向应力是零。（　　）

139）压下量与压下率是同一个概念的不同叫法。（　　）

140）随着金属变形速度的增加，变形抗力会相应减小。（　　）

141）在进行金属压力加工时，所有的变形过程都将遵循体积不变定律的。（　　）

142）轧钢生产中压下量的分配，根据体积不变，通常采用等变形量分配。（　　）

143）金属的强度是指在外力作用下，金属抵抗变形和断裂的能力。（　　）

144）晶粒细小的金属塑性较低，随着晶粒增大，塑性将增大。（　　）

145）晶粒细小的金属塑性较高，随着晶粒增大，塑性将降低。（　　）

146）压缩一个正立方体的金属块，变形量增加截面形状逐渐趋于圆形。（　　）

147）金属晶粒大小用晶粒度来度量，通常分十级，一级最细，十级最粗。（　　）

148）金属晶粒大小和形貌可以在金相显微镜中看到。（　　）

149）轧件宽度对轧制力的影响是轧件宽度越宽，则轧制力越大。（　　）

150）对于各种金属和合金来说，随变形温度的升高，金属变形抗力降低，这是一个共同规律。（　　　）

151）平辊轧制时，金属处于二向压应力状态。（　　　）

152）金属的不均匀变形、加热的不均匀性、轧后的不均匀冷却及金属的相变等，都可以促使金属的内部产生内力。（　　　）

153）由于摩擦力的作用，改变了轧件的应力状态，使单位压力和总压力降低。（　　　）

154）同素异晶转变会引起体积上的变化，同时会产生内应力。（　　　）

155）变形力学图示是应力状态图示和变形图示的组合。（　　　）

156）附加应力在外力去除后即行消失。（　　　）

157）平辊轧制时是面应力状态，在孔型中轧制时是体应力状态。（　　　）

158）金属受力状态影响其塑性，当金属各方受压时，塑性增加，同样当金属各方受拉时，塑性也增加。（　　　）

159）在轧制过程中，轧辊给轧件的压力称为轧制压力。（　　　）

160）同一金属材料，其 σ_s 值必大于 σ_b 值。（　　　）

161）在金属产生塑性变形的过程中，必然伴随有弹性变形的存在。（　　　）

162）在金属进行压力加工时，如果金属受三向拉应力状态，则对其塑性变形是不利的。（　　　）

163）加工硬化现象，是冷轧工艺的特点之一。（　　　）

164）弹性变形的过程，其应力与应变是成正比的关系。（　　　）

165）连轧生产中，前后张力增加，则平均单位压力也增加。（　　　）

166）金属内部产生的与外力相抗衡的力称为内力。（　　　）

167）轧制时的摩擦除有利于轧件的咬入之外，一般来说摩擦是一种有害的因素。（　　　）

168）合金钢轧后冷却出现的裂纹是由于金属内部的残余应力和热应力造成的。（　　　）

169）镦粗、挤压、轧制均为三向压应力状态，其中挤压加工时的三向压应力状态最强烈。（　　　）

170）轧件通过轧辊时，由于轧辊及轧机的弹性变形，导致辊缝增大的现象称为"辊跳"。（　　　）

171）作用力与反作用力是作用在同一物体上，大小相等方向相反。（　　　）

172）当外力取消后，材料不能恢复原来的形状和尺寸，不能随外力去除而

消失的那部分变形称为塑性变形。(　　)

173）根据国际和国内情况，现在通常把钢中的合金元素质量分数大于 20% 的合金钢统称为高级合金钢。(　　)

174）纯金属与合金的区别就在于纯金属是由一种金属元素组成的，而合金则是由两种或两种以上的元素组成的。(　　)

175）钢中的碳元素的质量分数越高，则开始结晶的温度越低。(　　)

176）含有规定数量的合金元素和非金属元素的钢称为合金钢。(　　)

177）按钢的不同化学成分可分为结构钢、工具钢和特殊钢。(　　)

178）钢中的磷的主要危害是它将引起钢在热加工时产生热脆现象。(　　)

179）45 号钢属于亚共析钢。(　　)

180）碳素钢、合金钢、铸铁都是合金。(　　)

181）钢中的锰能减轻钢中硫的有害作用。(　　)

182）生铁、工业纯铁都是一种纯金属，而碳素钢是一种铁碳合金。(　　)

183）16Mn 这个钢号，表示的是平均含锰量（质量分数）为 0.16%。(　　)

184）硫、磷这两个元素对钢材来说，都是绝对有害的元素。(　　)

185）不锈钢不一定耐酸，而耐酸的钢均为不锈钢。(　　)

186）工业纯铁的含碳量比生铁的含碳量高。(　　)

187）钢按冶炼方法分为平炉、转炉钢、电炉钢等。(　　)

188）金属材料中，普碳钢的力学性能在很大程度上取决于钢的含碳量，随着含碳量的增加，其强度增加，塑性降低。(　　)

189）H08 钢号中的“H”表示的是焊接用钢。(　　)

190）60Si2Mn 这个钢中含硅量（质量分数）在 1.5% ~ 2.49% 范围内。(　　)

191）08F 钢号中的“F”表示的是化学元素的符号。(　　)

192）T10 钢号中的“T”表示的是特殊钢。(　　)

193）镇静钢的组织致密，偏析小。(　　)

194）铁、铬、锰及它们的合金称为黑色金属。(　　)

195）沸腾钢的缺点之一是钢的收得率低。(　　)

196）压力加工中金属常见的应力状态为体应力。(　　)

197）金属在发生塑性变形之前，一定会先发生弹性变形。(　　)

198）总延伸系数等于各道次延伸系数之和。(　　)

199) 总延伸系数等于各道次延伸系数的乘积。（　　　）

200) 终轧温度低易产生尺寸超差、耳子、折叠等缺陷。（　　　）

201) 正火的冷却速度比退火慢。（　　　）

202) 张力轧制时，轧件一定是处于三向压力状态。（　　　）

203) 轧件的变形抗力越大，辊缝的弹跳值越大。（　　　）

204) 轧机刚度越大，对板形越不利。（　　　）

205) 轧机刚度越大，产品厚度精度就越易保证。（　　　）

206) 轧辊一般由辊身、辊颈两部分组成。（　　　）

207) 轧辊可分为平面轧辊和带槽轧辊。（　　　）

208) 轧辊的轴向调整用来调整轧辊的轴线水平。（　　　）

209) 轧钢就是金属轧件在旋转轧辊之间的弹性变形。（　　　）

210) 增加钢中的含碳量硬度增加。（　　　）

211) 增大轧辊直径可降低轧制压力。（　　　）

212) 在变形区内，金属质点的纵向流动速度是相同的。（　　　）

213) 用于制造金属结构、机械设备的碳钢和合金钢称为结构钢。（　　　）

214) 用钢坯做原料时，开始道次的温度高，延伸系数应小些。随着道次的增加后面道次的延伸系数可逐渐增大。（　　　）

215) 咬入阶段是从轧件前端与轧辊接触的瞬间起到前端达到变形区的出口端面止。（　　　）

216) 钢板的压下规程就是从原料到轧制成成品钢板的变形制度。（　　　）

217) 压缩比是坯料厚度与成品厚度的比值。（　　　）

218) 压力加工时要求金属具有最大的塑性变形量，而工具则不允许有任何塑性变形，而且弹性变形也越小越好。（　　　）

219) 退火是将带钢加热到一定温度，保温后再快速冷却的热处理工艺。（　　　）

220) 物体只要受力，就会发生塑性变形。（　　　）

221) 使摩擦系数降低的因素都是减小轧件宽展的因素。（　　　）

222) 生铁是含碳量（质量分数）大于 2.11% 的铁碳合金。（　　　）

223) 热轧生成过程的基本工序为坯料准备、坯料加热、钢的轧制和精整。（　　　）

224) 强度是轧辊最基本的质量指标，它决定了轧辊的耐磨性。（　　　）

225) 前后张力加大宽展减小。（　　　）

226）增大摩擦系数是改善咬入条件的唯一方法。（　　）

227）连轧生产中，机架间的金属秒流量绝对相等。（　　）

228）金属中常见的晶格为体心立方晶格、面心立方晶格和密排六方晶格。（　　）

229）金属在 400℃ 以上进行的加工称为热加工。（　　）

230）金属塑性变形的主要方式是滑移和孪生。（　　）

231）金属内有杂质处其应力增大，即出现应力集中。（　　）

232）金属经加热后再进行加工，称为热加工。（　　）

233）加热速度是指单位时间内钢的表面温度升高的度数。（　　）

234）加工硬化是指加工后金属的塑性降低、强度和硬度增加的现象。（　　）

235）过烧是由于钢的加热温度太高或高温下保温时间太长而造成的。（　　）

236）过热的钢可以通过退火加以补救，使之恢复到原来的状态。（　　）

237）辊跳值的大小取决于轧机的性能、轧制温度以及轧制钢种等。（　　）

238）钢在加热时，表层含碳量降低不属于加热缺陷。（　　）

239）钢是含碳量（质量分数）在 0.0218% ~ 2.11% 之间的铁碳合金。（　　）

240）钢坯下表面温度低，上表面温度高，轧制过程中容易产生上翘。（　　）

241）钢坯剪切的目的是满足成材工序对钢坯质量和长度的要求。（　　）

242）钢号 Q235 指的是该钢种屈服强度为 $235 N/mm^2$。（　　）

243）钢的正常组织中铁素体多于渗碳体。（　　）

244）钢从冶炼的角度来说分为平炉钢、转炉钢、电炉钢和特种冶炼钢四大类。（　　）

245）附加应力在外力去除后即行消失。（　　）

246）当压下量一定时，轧辊直径越大，轧件越容易咬入。（　　）

247）当压下量一定时，增加轧辊直径，轧件的咬入角增大。（　　）

248）弹性变形随载荷的去除而消失。（　　）

249）单位面积上所受的内力称为应力。（　　）

250）残余应力的状态均是外层受拉应力而内层受压应力。（　　）

251）板带轧机以轧辊名义直径命名。（　　）

252）45 表示平均含碳量（质量分数）为 0.45% 的优质碳素结构钢。
（　　）

253）国家标准的代号是 GB。（　　）

254）游标卡尺测量工件时，测力过大或过小都会增大测量误差。（　　）

255）卡钳是一种不能直接读出测量数值的间接量具。（　　）

256）在轧制生产过程中，计算机主要通过仪器仪表来采集现场数据。
（　　）

257）游标卡尺的精确度为 0.02mm，某工人卡量轧件后，宣布轧件尺寸是
12.31mm，这个读数是错误的。（　　）

258）游标卡尺尺身上的刻度每一小格为 1mm，每一大格为 1cm。（　　）

259）生产实践证明，连轧生产时前后张力对轧件的宽展没有影响。（　　）

260）在轧钢生产中，工作辊表面的硬度不均会造成轧辊的磨损不均。
（　　）

261）轧制低温钢的坏处之一就是容易造成断辊事故。（　　）

262）众所周知，轧钢厂的主电机是为辊道提供动力的设备。（　　）

263）轧辊质量的优劣对轧件的质量会有直接的影响。（　　）

264）光学高温计是轧钢生产中常用的测温仪，其原理是采用亮度均衡法。
（　　）

265）轧机的压下装置通常分为手动、电动和液压压下三种类型。（　　）

266）某些合金钢在低温时导热性很差，而在高温时反而有所提高，因此对
这类钢采用低温慢速、高温快速的加热工艺。（　　）

267）钢锭上的结疤是由于钢锭模内不洁或浇注时钢液飞溅到模壁上冷却造
成模内不洁而产生的。（　　）

268）在配辊时，上辊直径比下辊直径大称为上压力，反之称为下压力。
（　　）

269）钢通过一定的热处理，不仅能降低硬度，提高塑性，而且能消除组织
上的一些缺陷，有利于进一步加工。（　　）

270）实践表明在带张力轧制时，其他条件不变，张力越大，轧制压力越
小。（　　）

271）轧钢的产品品种是指轧制产品的钢种、形状、生产方法、用途和规格
的总称。（　　）

272）冷轧后轧件进行退火或正火处理，这样可以消除轧件的内应力，可稳

定轧件尺寸，并防止其变形开裂。（　　）

273）在总压下量相同的情况下，轧制道次越多，总的宽展量越少。（　　）

274）结疤是钢坯中常见的一种内部缺陷。（　　）

275）只要辊缝尺寸正确，推床好用，轧制的钢板板形就没问题。（　　）

276）低速咬入，小压下量轧制，可避免在轧制过程中轧件打滑。（　　）

277）轧件轧制前与轧制后的长度之比称为延伸系数。（　　）

278）凡是热轧，其开轧温度的下限是受其终轧温度的制约。（　　）

279）轧件经过轧制加工，其长度上的增加量称为延伸量。（　　）

280）消除轧件的加工硬化，一般采用淬火热处理的方式。（　　）

281）在轧制生产中，精轧机孔槽磨损严重，轧出成品易产生裂纹。（　　）

282）在相同变形条件下，合金钢的宽展量比碳素钢的宽展量大。（　　）

283）实践表明，钢在加热过程中产生粗而厚的氧化铁皮，使其摩擦系数增加，有利于轧制时咬入。（　　）

284）一般认为，钢在加热过程中产生的粗而厚的氧化铁皮使其摩擦系数减小，不利于轧制时咬入，必须清除。（　　）

285）退火热处理工艺是将钢加热后快速冷却的获得所需要的组织。（　　）

286）钢材检验中，技术要求是必保的条件。（　　）

287）轧制方式有横轧、纵轧和斜轧，其中横轧是应用最广泛的。（　　）

288）热加工变形可使晶粒细化，夹杂物破碎，改善金属的组织结构。（　　）

289）金属塑性的大小，可以用金属在屈服前产生的最大变形程度来表示。（　　）

290）最小阻力定律也称为最小功原理。（　　）

291）从实践经验看，一般来说金属都具有热胀冷缩的性质。（　　）

292）金属在变形过程中，有移动可能性的质点将沿着路径最短的方向移动，这就是最小阻力定律的含义。（　　）

293）在钢水中加入磷，对钢材的性能无影响。（　　）

294）碳在钢中是一种有害元素，主要是因其存在而引起热脆现象。（　　）

295）在其他条件不变的情况下，轧辊直径越大，轧制压力越小。（　　）

296）钢的硬度越高，则其强度也越高。（　　）

297）珠光体是一种金属的化合物。（　　）

298）金属晶粒大小用晶粒度来度量，通常分十级，一级最粗，十级最细。（　　）

299）所有金属材料在进行拉伸试验时，都会出现明显的屈服现象。（　　）

300）冷、热变形的差别，就在于变形后有无加工硬化现象。（　　）

301）凡顺轧制方向作用在轧件上的外力，一般都有利于咬入。（　　）

302）轧制钢材的断面形状和尺寸的总称为钢材的品种规格。（　　）

303）轧机刚度是指轧机座抵抗轧件塑性变形的能力大小。（　　）

304）轧辊直径是判断带钢轧机大小的主要依据。（　　）

305）轧辊上刻痕有利于轧件咬入。（　　）

306）轧辊的工作辊径就是轧辊的直径。（　　）

307）轧钢机的小时产量是衡量轧机技术经济效果的主要指标之一。（　　）

308）在轧钢生产中，铁碳相图是确定加热、开轧和终轧温度的参考依据。（　　）

309）由于轧辊在使用后要进行再车削，所以直径是保持不变的。（　　）

310）一般说，晶粒越细小，金属材料的力学性能越好。（　　）

311）细化晶粒，钢的强度、韧性都可提高。（　　）

312）为了去除轧件表面的氧化铁皮及油污物，用酸、碱或盐溶液，对金属进行浸洗的方法称为酸洗。（　　）

313）轧件弯曲是变形不均所造成的，辊缝两边不均，则轧件向辊缝小的方向弯曲。（　　）

314）退火的目的是降低硬度，提高塑性，减小残余应力，消除钢中的组织缺陷。（　　）

315）提高轧机作业率是降低单位燃耗的主要措施之一。（　　）

316）十二辊轧机的工作辊有两个。（　　）

317）三段连续式加热炉是由预热段、加热段、均热段组成的。（　　）

318）其他条件相同条件下，轧件厚度增加，轧制压力减小。（　　）

319）硫能提高钢材的切削加工性。（　　）

320）冷轧与热轧相比具有表面质量好、尺寸精度高的优点。（　　）

321）冷轧带钢采用张力轧制增加了单位压力和轧制的稳定性。（　　）

322）冷加工的钢材强度不如热轧钢材强度高。（　　）

323）宽展指数表示宽展量占压下量的百分比。（　　）

324）控制轧制能够提高钢材的综合性能。（　　）

325）开轧温度的上限受钢的允许加热温度的限制。（　　）

326）金属在塑性变形前与变形后，其体形发生了明显变化。（　　）

327）金属与轧辊接触处的轧辊直径称为轧辊的工作辊径。（　　）

328）金属消耗系数等于成材率的倒数。（　　）

329）金属的塑性与柔软性是一致的。（　　）

330）计算机停机时，应按开机顺序进行关机。（　　）

331）合格产品质量与所用原料质量之比值为轧制利用系数。（　　）

332）过烧的钢可以通过退火的办法恢复其力学性能。（　　）

333）过热的钢只能报废，而过烧的钢可通过退火处理来挽救。（　　）

334）热轧前钢坯加热温度越高越好。（　　）

335）钢坯加热可以有效改变钢的化学成分。（　　）

336）钢坯过热在金属内部的表现是：晶粒急剧长大，晶粒间结合力降低。（　　）

337）钢管轧机的规格以所轧钢管的最大外径来表示。（　　）

338）钢的主要组成元素为碳和硫。（　　）

339）钢材表面划伤是由于轧辊上黏附硬物引起的。（　　）

340）钢板轧制过程中，宽展量有可能大于延伸量。（　　）

341）钢板的板形就是横向厚度差。（　　）

342）发生粘钢时应立即降低炉温。（　　）

343）纯金属和合金的区别在于：纯金属由一种金属元素组成，而合金则是由两种或两种以上元素组成。（　　）

344）在轧制前利用高压水的强烈冲击作用去除板坯表面的一次氧化铁皮和在精轧前后用高压水去除二次氧化铁皮的过程称为除磷。（　　）

345）成品率的倒数表示金属消耗系数。（　　）

346）成材率是指1t原料能够轧制出合格成品的质量分数。（　　）

347）产生过烧的主要原因是加热温度太低，加热时间过短。（　　）

348）变形抗力是金属或合金抵抗其产生弹性变形的能力。（　　）

（2）填空题（请将正确答案填在横线空白处）：

1）钢的轧制工艺制度主要包括_____、速度制度和温度制度。

2）钢的加热制度主要包括加热温度、加热速度和_____。

3）铁碳平衡相图纵坐标是温度，横坐标是_____。

4）在实际生产中，常常把对钢的淬火和高温回火相结合的热处理方法称为_____。

5）冷轧生产工艺中包括热处理工序，对钢材进行热处理操作分为加热、_____和冷却三阶段组成。

6）金属产生断裂的种类有_____和延伸断裂（或称韧性断裂）。

7）金属在受力状态下产生内力的同时，其形状和尺寸也产生了变化，这种变化称为_____。

8）适当地控制被加工金属的化学成分、加热温度、变形温度、变形条件及冷却速度等工艺参数，从而可以大幅度提高热轧材的综合性能的一种轧制方式称为_____。

9）在金属进行拉伸试验过程中，保持应力与应变成正比关系时，是金属产生_____的时段。

10）在轧制过程中，轧件与轧辊的接触面积是按轧件与轧辊接触弧面的_____计算的。

11）在金属进行压力加工过程中，可以根据_____计算出轧制后的轧件尺寸。

12）在变形区，_____是轧件入口速度小于轧辊圆周速度的水平分速度的现象。

13）晶体塑性变形的主要方式是_____。

14）在低碳钢的拉伸试验中，试件受到应力达到_____时，试件就断裂。

15）在低碳钢的拉伸试验中，试件在发生弹性变形后会出现屈服平台，此时应力称为_____。

16）晶粒长大速度越慢，则结晶后晶粒越_____。

17）形核率越低，结晶晶粒越_____。

18）细化晶粒的根本途径是控制形核率和_____。

19）铁和碳形成的 Fe_3C 称为_____，它是铁碳合金组织中主要的强化相，其数量和分布情况对铁碳合金的性能有很大影响。

20）在压力加工过程中，对给定的变形物体来说，三向压应力越强，变形抗力_____。

21）金属在冷加工变形中，金属的塑性指标，随着变形程度的增加而_____。

22）金属在冷加工变形中，金属的变形抗力指标，随着变形程度的增加而_____。

23）计算轧制压力可归结为计算平均单位压力和_____这两个基本问题。

24）轧件的宽展量与变形区的宽度成_____。

25）在轧制过程中，轧件打滑的实质是轧件的出口速度小于轧辊的水平分速度，这时整个变形区无_____区。

26）在变形区内，在_____处，轧件与轧辊的水平速度相等。

27）轧制时在变形区内金属的质点流动规律遵循_____定律。

28）按钢锭的组织结构和钢液最终的脱氧程度不同，钢锭可分为沸腾钢、镇静钢和_____。

29）轧制后残存在金属内部的附加应力称为_____。

30）轧件的延伸是被压下金属向轧辊_____和出口两方向流动的结果。

31）在钢的淬火过程中，奥氏体转变成马氏体时，其冷却速度必须大于_____。

32）亚共析钢经轧制自然冷却下来的组织为_____。

33）压下率也称_____。

34）物体保持其原有形状而抵抗变形的能力叫_____。

35）碳钢中除含有 Fe、C 元素外，还有少量的 Si、_____、S、P 等杂质。

36）其他工艺条件相同时，通常轧辊直径增大，则轧制压力_____。

37）平均延伸系数是依据_____人为确定。

38）宽展可分为自由宽展、_____和强迫宽展。

39）根据最小阻力定律分析，在其他条件相同的情况下，轧件宽度越大，宽展_____。

40）钢材产品成本与成材率成_____比。

41）当 Δh 为常数时，前滑随压下率的增加而显著_____。

42）单位面积上的_____称为应力。

43）带钢中间浪产生的原因是：带钢中部延伸_____边部延伸。

44）带钢边浪产生的原因是：带钢中部延伸_____边部延伸。

45）变形程度_____，纤维组织越明显。

46）变形产生的纤维组织，使变形金属的横向机械性能_____。

47）45 号钢表示钢中的含碳量平均为_____。

48）_____与时间的比率称为变形速度。

49）_____定律是指金属在变形中，有移动可能性的质点将沿着路径最短的方向运动。

50）当上下轧辊的轧槽不对正时，应调整轧辊的_____调整装置进行恢复，以免轧件出现缺陷。

51）轧制的方式分为纵轧、横轧和_____。

52）轧辊是由_____、辊颈和辊头三部分组成。

53）三段式加热炉，三段指的是预热段、加热段和_____。

54）轧机的刚度越大，在轧制过程中其弹跳值_____。

55）钢材的热处理操作工艺由加热、_____和冷却三阶段组成。

56）金属在固态下随温度的改变由一种晶格转变为另一种晶格的变化称为_____。

57）轧制时高向压下的金属体积如何分配给延伸和宽展，受_____定律和体积不变的定律的支配。

58）碳素钢的五大元素中，锰和_____是有益元素，是一种脱氧剂。

59）金属热加工时，再结晶速度_____加工硬化速度。

60）对内部存在大量气泡的沸腾钢锭的前期压力加工，_____定律不适用。

61）金属在压力加工中，_____应力状态，塑性是最好的。

62）弹性变形过程中，应力与应变是_____关系。

63）从应力应变的角度看，轧机的_____越大，其轧辊的弹跳值越小。

64）由于外力的作用而产生的应力叫做_____。

65）在低碳钢的拉伸试验中，当试件达到屈服点时开始塑性变形，而达到_____时试件断裂。

66）在普碳钢的拉伸试验中，试件在发生弹性变形后会出现屈服平台，此时应力称为_____。

67）金属在发生塑性变形时，一定会有_____变形存在。

68）从金属学的观点来看，冷轧与热轧的界限应以金属的_____温度来区分。

69）基本应力与_____的代数和称为工作应力。

70）基本应力与附加应力的代数和称为_____。

71）加热温度过高时，金属的晶界发生熔化，同时炉气浸入使晶界氧化，破坏了晶粒的结合力，这种缺陷称为_____。

72）钢中产生白点缺陷的内在原因是钢中含有_____。

73）对内部存在大量气泡的_____钢锭的前期加工，体积不变定律不适用。

74）08F 这个钢号标识中"08"表示其含碳量，F 表示是_____。

75）65 锰这个钢种中，碳质量分数约为_____。

76）1Cr18Ni9Ti 中，铬质量分数约为_____。

77）钢按脱氧程度分为_____、镇静钢和半镇静钢。

78）轧制时轧件头部出现一边延伸大于另一边，这种缺陷称为_____。

79）轧制后残存在金属内部的附加应力称为_____。

80）在生产中，当轧辊直径一定时，减小压下量则咬入角_____，咬入就容易。

81）应力状态可分为线应力状态、平面应力状态和_____。

82）物体在外力作用下发生变形，当外力消失后不能恢复到原始形状的变形称为_____。

83）物体保持其原有形状而抵抗变形的能力称为_____。

84）碳素钢按_____可分为低碳钢、中碳钢、高碳钢。

85）某钢牌号为 Q235A，其_____的数值是 $235N/mm^2$。

86）连轧生产中要求钢的秒流量相等，其理论根据是_____定律。

87）金属的变形可分为弹性变形和_____。

88）钢成分中最重要的非金属元素是_____。

89）单位面积上内力大小称为_____。

90）单位的面积上的_____称为应力。

91）根据现场的实际情况，检查轧辊的断裂部位和_____是分析断辊原因的主要方法。

92）X 射线测厚仪是利用被测带钢对射线的_____，测量出带材的厚度。

93）在生产实践中，常把钢材的淬火与高温回火相结合的热处理方式称为_____。

94）三段式加热炉，三段指的是_____、加热段和均热段。

95）轧机的主机列包括主电机、传动装置和_____三部分。

96）将钢完全奥氏体化，随后进行缓慢冷却，获得接近于平衡状态下的组织，这一工艺过程称为_____。

97）冷轧生产中进行再结晶退火时，钢的内部组织变化过程可分为_____、再结晶和晶粒长大三个阶段。

98）产品标准包括规格标准、性能标准、_____和交货标准。

99）热轧产品一般分为型材、线材、_____和管材。

100）轧钢厂的三大规程指的是安全操作规程、技术操作规程和_____。

101）加热炉在加热钢坯时的传热方式有辐射、_____和对流传热。

102）随着轧件宽度的增加，变形区的金属向横向流动的阻力_____。

103）轧制时用于克服_____外还剩余的摩擦力水平分量称为剩余摩擦力。

104）钢在轧制过程中的变形一般分为纵向延伸、横向宽展和_____三部分。

105）体积不变定律是指金属或合金在变形时，变形前后的_____保持不变。

106）在轧制过程中，宽展量很少，而延伸量却大得多，这种现象是遵循_____定律的结果。

107）钢中含碳量越_____，这种钢在加热过程中越容易产生过烧缺陷。

108）热轧前对钢加热的目的是提高其塑性和_____。

109）轧制过程是靠旋转的轧辊与轧件之间形成的_____将轧件拖进轧辊的辊缝的。

110）_____原则是连续式轧制工艺设计的理论基础。

111）轧制中，要求轧辊的弹性变形越_____越好。

112）在轧制力作用下，轧机机架、轧辊、轴承等各部件都会产生_____变形。

113）塑性指标通常用伸长率和_____表示。

114）宽展可分为自由宽展、_____和强迫宽展。

115）共析钢加热后冷却到 S 点（727℃）时会发生共析转变，从奥氏体中间时析出铁素体和渗碳体的混合物，称为_____。

116）根据最小阻力定律，在分析变形区内金属质点流动情况时，常将变形区分为_____个区域。

117）钢的含碳量越高，脱碳的倾向_____。

118）钢板的负公差范围是指_____与公称尺寸的差值。

119）成材率是_____质量与所用原料质量的比值。

120）保证连轧正常进行的条件是每架轧机上的金属_____。

6 热处理、力学性能、金相检测综合实训

（1）任务一：Q235 钢的热处理。

1）工艺一：

① 940℃ ×30min，在 10% NaCl 水溶液中冷却，200℃ × 2.5h 回火；

② 940℃ ×30min，在 10% NaCl 水溶液中冷却，150℃ × 2.5h 回火；

③ 900℃ ×30min，在 10% NaCl 水溶液中冷却，200℃ × 2.5h 回火；

④ 900℃ ×30min，在 10% NaCl 水溶液中冷却，150℃ × 2.5h 回火。

2）工艺二：

① 940℃ ×30min，水冷，200℃ ×2.5h 回火；

② 940℃ ×30min，水冷，150℃ ×2.5h 回火；

③ 900℃ ×30min，水冷，200℃ ×2.5h 回火；

④ 900℃ ×30min，水冷，150℃ ×2.5h 回火。

3）工艺三：

① 940℃ ×30min，油冷，150℃ ×2.5h 回火；

② 940℃ ×30min，油冷，100℃ ×2.5h 回火；

③ 900℃ ×30min，油冷，150℃ ×2.5h 回火；

④ 900℃ ×30min，油冷，100℃ ×2.5h 回火。

4）工艺四：

① 940℃ ×30min，空冷，150℃ ×2.5h 回火；

② 940℃ ×30min，空冷，100℃ ×2.5h 回火；

③ 900℃×30min，空冷，150℃×2.5h 回火；

④ 900℃×30min，空冷，100℃×2.5h 回火。

分为 4 个小组，每组 5～6 位同学，选一名小组长，负责安排任务和协管，第一小组选作工艺一，第二小组选作工艺三，第三小组选作工艺二，第四小组选作工艺四。热处理过程中由于等待时间较长，每位同学要求完成工作单。完成后对热处理后的试样进行编号。星期一上午完成 Q235 钢的淬火处理，每组可使用 2 个热处理炉，大约 3h 可以完成；星期一下午和星期二上午完成内容：Q235 钢的回火处理，大约 7h 完成。

（2）任务二：不同热处理制度下 Q235 钢的力学性能测试及分析。星期三上午：第一小组学生操作电子拉伸试验机，得出不同热处理制度下各试样的力学性能数据，进行分析数据，第二小组完成工作单；下午互换。

（3）任务三：不同热处理制度下 Q235 钢的组织分析及晶粒度的测定。星期四全天：所有学生在金相检测室制样（每人制一个金相试样），并对制好试样的同学进行测评打分作为制样操作分；星期五上午：观察并画出金相组织图，利用截线法计算出组织组成量。最后完成实验报告。

6.1　Q235 钢热处理实训

任务一：Q235 钢的热处理

实训目标：

（1）熟知 Q235 钢的热处理制度，初步学会制定加热、冷却和回火工艺。

（2）以每个小组为一个团队来完成整个热处理操作。

理论分析题（50 分）

（1）钢的普通热处理主要有哪 4 种？其中常用的退火方法有哪些？调质的工艺特点是什么？钢经过调制后获得什么组织，其力学性能怎样？

（2）说出下列钢的钢种及化学成分的质量分数，并阐述其合金化原理。

1）60Si2CrVA；2）CrWMn；3）W9Mo3Cr4V。

（3）阐释钢的退火、正火、淬火、回火工艺特点及目的。

（4）淬透性的概念是什么？影响淬透性的因素有哪几个方面？

（5）根据铁碳合金相图，回答以下问题：

1）说出 E 点、S 点、ECF 线和 PSK 线的意义；

2）分析 $w_C = 0.4\%$ 和 $w_C = 1.2\%$ 的铁碳合金的平衡结晶过程及室温平衡组织。

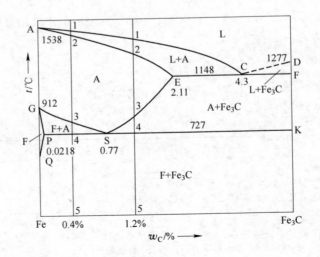

（6）工艺题：

车床主轴常采用 40Cr 生产，要求有良好的综合力学性能，而且轴颈处要求有很好的耐磨性，因此表面必须要有高硬度，生产工序如下：

下料→锻造→热处理①→机械粗加工→热处理②→精加工→热处理③→磨削→入库

请说出①②③处热处理工艺的名称、目的及热处理后的组织。

综合实践题（50 分）

（1）小组讨论：请根据相关资料说明设置 Q235 钢热处理工艺参数的依据。

（2）画出 Q235 钢加热曲线（要求每 5min 记录一次温度随时间的变化量）。

教师评语				
				教师签字：
成　绩	出勤 20%	综合表现 20%	技能 60%	合　计

6.2　Q235 钢力学性能检测实训

任务二：Q235 钢力学性能检测

实训目标：
（1）熟知 Q235 钢的力学性能指标。
（2）以每个小组为一个团队来完成测试不同热处理制度下 Q235 钢的 σ_b、σ_s、$\sigma_{0.2}$、ϕ、δ 及洛氏硬度值，最后分析其力学性能是否达标。

理论分析题（50 分）
（1）常用金属材料的力学性能指标主要有哪几种？强度和韧性的概念是什么？低碳钢在拉伸过程中表现为哪几个阶段？

（2）晶体缺陷主要有哪三类？简述晶体缺陷对金属材料力学性能的影响。

（3）为什么金属材料晶粒越细小，其强度越高，塑性和韧性越好？

（4）说出下列布氏硬度符号的含义：
　　1）560HBW10/3000/30；2）430HBS5/1000。

（5）金属经过塑性变形后，其力学性能发生了什么变化（强度、硬度、塑性、韧性）？塑性变形对金属组织的影响表现在哪些方面？

（6）简述洛氏硬度计的实验原理；随着钢中含碳量的增加，其硬度变化趋势是什么？

综合实践题（50 分）

（1）指出下列金相图片中所存在的各种组织，并阐释其力学性能特点。

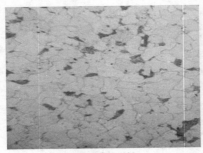

(a) 20钢×400   (b) T12钢×400

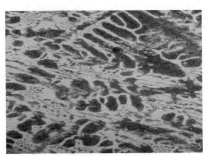

（c）亚共晶白口铸铁×200

（2）填写 Q235 钢力学性能试验记录

炉号		钢号		规格			首检（ ）复检（ ）	
试验机型号				品名				
序号	直径 /mm	抗拉强度指标/MPa			表面质量	伸长率/% $L_0 =$	断面收缩率/%	洛氏硬度 HR	其他
		σ_b	σ_s	$\sigma_{0.2}$					
1									
2									
3									
4									
5									

（3）分析上表数据，指出最佳热处理工艺，并分析其原因。

教师 评语				
			教师签字：	
成　绩	出勤20%	综合表现20%	技能60%	合　计

6.3 Q235 钢金相组织检测实训

<u>任务三：不同热处理制度下 Q235 钢金相组织检测</u>

实训目标：
（1）熟悉不同热处理制度下 Q235 钢的组织形貌及与力学性能之间的关系。
（2）要求每名同学制出 1~2 个状态的金相试样，教师现场给予评分。
（3）利用金相显微镜分析组织形貌，并测出组织组成量。

基本操作技能题（50 分）
（1）简述制备金相试样的步骤及要领？

（2）操作过程及结果评价。

    操作技能：   熟练   一般   差

    制样效果：   优   良   中   差

综合实践题（50 分）

画出不同热处理制度下的金相组织图片，并利用截线法计算其组织组成量。

教师 评语				
	出勤 20%	综合表现 20%	技能 60%	合　计
成　绩				

教师签字：

7　轧钢仿真操作实训工作单

实训任务：轧钢仿真操作实训

实训目标：
（1）熟练掌握轧钢机仿真实训系统的粗轧操作步骤和精轧操作步骤。
（2）能够以小组形式完成指定批次钢坯的粗轧操作和精轧操作。

基本技能知识（50分）
（1）请叙述轧钢机仿真实训系统的粗轧操作步骤。

（2）请叙述轧钢机仿真实训系统的精轧操作步骤。

综合技能训练（50分）
以小组形式完成指定批次钢坯的粗轧操作和精轧操作，并记录所用时间和操作故障情况。
（1）完成操作所用时间：
（2）操作中出现的故障：

教师评语	出勤：优　良　中　差 综合表现：优　良　中　差 技能：熟练　一般　差 其他：
	教师签字：

成　绩	出勤20%	综合表现20%	技能60%	合　计

8 轧钢机实物操作

8.1 轧钢机主机列布置

8.1.1 目的与目标

了解轧钢机在冶金行业通常采用的布置类型选取的原则。

8.1.2 操作步骤或技能实施

（1）介绍轧机在冶金行业的具体作用，并演示轧机的具体动作，使学生知道轧机在工作中的具体类型的布置形式。

（2）结压力加工轧机布置形式，讲解六种轧机合在企业中的具体布置形式，体现各自的特点。

（3）记录相关的种类示意图。

8.1.3 注意事项

启动轧机运转时注意有无杂物或手放在辊道上面，以防出现意外事故。

8.1.4 实训场地

实训场地有压力加工实训室和棒线材仿真实训室。

8.1.5 组织安排

实训教师提供现场实物或实物图片，学生分析其轧机布置类型的特点和适用范围。

8.1.6 检查与评价

实训教师根据成品的类型来制定轧机的布置类型，要求学生能根据上述要求确定轧机具体的布置形式。教师根据回答情况打出分数，列入学生的过程考核。

8.1.7 轧钢机主机列布置工作单

实训任务：轧钢机主机列布置

实训目标：
(1) 熟练掌握轧钢机种类、能根据轧制不同类型的产品合理确定轧机布置的具体形式。
(2) 能够以个人＋小组形式完成指定批次钢制产品类型所需的轧机类型，能合理确定轧机种类和具体布置形式。

基本技能知识（50分）
(1) 请叙述轧钢机工作机座布置形式的具体应用。

(2) 请实例说明纵列式、连续式、横列式各自主要特点和应用工作范围。

综合技能训练（50分）
以小组形式完成指定不同类型钢材生产来确定轧钢机机座布置类型，并记录所用时间。
(1) 完成操作所用时间：
(2) 在选取布置形式中出现与实际生产不符的技术缺陷：

教师评语	出勤：优　良　中　差 综合表现：优　良　中　差 技能：熟练　一般　差 其他： 　　　　　　　　　　教师签字：			
成　绩	出勤20%	综合表现20%	技能60%	合　计

8.2 轧辊硬度测量

8.2.1 目的与目标

能利用里氏硬度计进行检测轧辊的硬度是否符合标准。

8.2.2 操作步骤或技能实施

（1）辊面打磨。先用角磨机打磨辊面，打磨深度大于 0.5mm（防止用角磨机打磨时过烧），再用布砂轮轻轻抛光。打磨面要求光洁平整，表面粗糙度小于 12.5μm。

（2）硬度检测。每次检测前应对硬度计进行校验，并做好记录。检测时轧辊表面温度应低于 40℃，然后在被测面上均匀分布测试 5 点，取其平均值即为该点硬度值。

（3）数据处理。在任一被测点的检测中，若某一数值与其他数值偏差大于 3HSD，则删除该数值，再重新测试一数值。每支轧辊检测完毕，应核对该支轧辊各检测点检测平均值，对于离散度大于 5HSD 的点，在其旁边再重新打磨一点进行检测。检测完毕后，应再次对所用硬度计进行校验，两次校验结果相差符合规定（肖氏不大于 5HSD），则取两次校验结果的平均值作为该批检测数据的修正值，对该批数据进行修正；若两次校验结果相差超过规定数值，则将所用硬度计送计量室检修。

8.2.3 注意事项

（1）检测时应尽量使冲击装置与被测面垂直，倾斜角度不得大于 10℃。

（2）在轧辊表面测试 5 点，间隔距离要大于 4mm。

8.2.4 实训场地

实训场地为压力加工实训室。

8.2.5　组织安排

实训教师提供现场实物或实物图片，学生分析其应用测量特点。

8.2.6　检查与评价

实训教师出示实物，抽查学生对测量方式和选用的原则。教师根据回答情况打出分数，列入学生的过程考核。

8.2.7　轧辊硬度测量工作单

实训任务：轧辊硬度测量

实训目标：
（1）熟练掌握轧辊硬度检测操作步骤。
（2）能够以小组形式完成轧辊硬度检测数据的记录与统计。

基本技能知识（50分）
（1）请叙述轧辊硬度检测的具体内容与步骤。

（2）请叙述铸铁、铸钢、普通锻钢材质的轧辊测量硬度应有技术要求。

综合技能训练（50分）
以小组形式完成指定轧辊硬度的检测步骤和注意事项。
（1）完成操作所用时间：
（2）操作中测压头的位置、测量点的选取技术要求：

教师评语	出勤：优　　良　　中　　差 综合表现：优　　良　　中　　差 技能：熟练　　一般　　差 其他：
	教师签字：

成　绩	出勤20%	综合表现20%	技能60%	合　计

8.3　轧钢机轴承的安装

8.3.1　目的与目标

熟悉轧钢机不同类型所采用的不同类型的轧辊轴承，能够对轴承在使用中出现的问题提出解决措施。

熟悉轧钢机轴承的工作特点，熟悉常见的损坏形式。

8.3.2　操作步骤或技能实施（以 4 列圆锥滚柱轴承为例）

（1）将第一个外圈仔细装入轴承座孔中，用塞尺检查外圈和轴承座四周接触情况，再装入一个调整环。

（2）用专用工具（卡式）旋紧在保持器端面互相对称的 4 个螺丝孔中，用钢丝绳将第一个内圈、中间外圈和两列滚柱整体吊入轴承座中。

（3）装入内调整环和第二个外调整环。

（4）用专用工具（卡式）旋紧在保持器端面互相对称的 4 个螺丝孔中，用钢丝绳将第一个内圈、中间外圈和两列滚柱整体吊入轴承座中，装入第二个内圈、第二个外圈和两列锥柱。

8.3.3　注意事项

（1）装配一定按照轴承的标记进行，不能装反，易产生轴向力。

（2）注意调节 4 列锥柱和外套间的间隙均匀性，以保持工作时受力均匀。

（3）轴承内圈和轧辊辊径采用动配合。

（4）轴承可采取预紧方式。

8.3.4　实训场地

实训场地有压力加工实训室和轧钢二厂轧辊维护车间。

8.3.5　组织安排

实训教师提供现场实物或实物图片，学生分析其应用轴承的工作环境和特点。

8.3.6　检查与评价

实训教师出示实物，抽查学生对轴承安装时的注意事项是否理解。教师根据回答情况打出分数，列入学生的过程考核。

8.3.7　轧钢机轴承的安装工作单

实训任务：轧钢机轴承的安装

实训目标：
(1) 熟练掌握轧钢机轴承合理选取与操作更换步骤。
(2) 能够以小组形式完成指定轧钢机轴承型号的确定和轧辊轴承的安装技术内容。

基本技能知识（50 分）
(1) 请叙述轧钢机轴承更换操作步骤和注意事项。

(2) 请叙述影响轧钢机轴承的寿命因素和解决具体措施。

综合技能训练（50 分）
以小组形式完成指定轧钢机轴承操作，并记录所用时间；实际操作中是否符合操作规程技术。
(1) 完成更换轴承操作所用时间：
(2) 操作中是否符合相应的维护要求：

教师 评语	出勤：优　　良　　中　　差 综合表现：优　　良　　中　　差 技能：熟练　　一般　　差 其他： 　　　　　　　　　　　　教师签字：

成　绩	出勤 20%	综合表现 20%	技能 60%	合　计

8.4　轧钢机滑动轴承

8.4.1　目的与目标

（1）测量轴承的径向和轴向油膜压力分布曲线。

（2）观察径向滑动轴承液体动压润滑油膜的形成过程和现象。

（3）观察载荷和转速改变时的油膜压力的变化情况。

（4）观察径向滑动轴承油膜的轴向压力分布情况。

（5）测定和绘制径向滑动轴承径向油膜压力曲线，求轴承的承载能力。

8.4.2　操作步骤或技能实施

（1）轴承实验台由调速电动机、传动系统、液压系统和实验轴承箱等部分组成。

（2）在轴承承载区的中央平面上，沿径向钻有 8 个直径为 1mm 的小孔。各孔间隔为 22.50mm，每个小孔分别连接 1 个压力表。在承载区内的径向压力可通过相应的压力表直接读出。

（3）将压力向量连成一条光滑曲线，即得到轴承中央剖面油膜压力分布曲线，即得到轴向油膜压力分布曲线。

8.4.3　注意事项

（1）当主轴不转动，可看到灯泡很亮；当轴在很低的转速下转动时，主轴将润滑油带入轴和轴瓦之间收敛性间隙内，但由于此时的油膜很薄，轴与轴瓦之间部分微观不平度的凸处仍在接触，故灯泡忽明忽暗。

（2）当轴的转速达到一定值时，轴和轴瓦之间形成的压力油膜厚度完全遮盖两表面之间微观不平度的凸处高度，油膜完成将轴与轴瓦隔开，灯泡就不亮了。

8.4.4 实训场地

实训场地为压力加工实训室。

8.4.5 组织安排

学生能够按照教师安排的题目，组织搜寻相应的结果。

8.4.6 检查与评价

实验结果分析与讨论：宽径比对承载影响的因素。

8.4.7 轧钢机滑动轴承工作单

实训任务：轧钢机滑动轴承

实训目标：
（1）熟练掌握轧钢机滑动轴承油膜形成对轧钢机工作影响的具体因素。
（2）能熟练确定滑动轴承具体结构选取，能根据实际工作状况确定影响滑动轴承工作的具体因素。

基本技能知识（50分）
（1）请叙述影响滑动轴承工作的具体因素和相应解决办法。

（2）请列出测试滑动轴承各项技术指标的具体步骤。

综合技能训练（50分）
以小组形式完成轧钢机滑动轴承压力变化所需要测定的各项内容和记录参数变化对轴承工作影响。
（1）测定对滑动轴承影响各项参数所用时间：
（2）在实际操作中所使用的各项操作仪器有无差错：

教师 评语	出勤：优　　良　　中　　差 综合表现：优　　良　　中　　差 技能：熟练　　一般　　差 其他： 教师签字：
成　绩	出勤20%　　综合表现20%　　技能60%　　合　计

成　绩	出勤20%	综合表现20%	技能60%	合　计

参 考 文 献

[1] 李国祯. 现代钢管轧制与工具设计原理 [M]. 北京：冶金工业出版社, 2006.
[2] 严泽生. 现代热连轧无缝钢管生产 [M]. 北京：冶金工业出版社, 2009.
[3] 李群. 钢管生产 [M]. 北京：冶金工业出版社, 2008.
[4] 潘慧琴. 轧钢车间机械设备 [M]. 北京：冶金工业出版社, 2010.
[5] 胡正寰. 楔横轧零件成型技术与模拟仿真 [M]. 北京：冶金工业出版社, 2012.
[6] 袁志学. 黑色金属压力加工实训 [M]. 北京：冶金工业出版社, 2011.

冶金工业出版社部分图书推荐

书　名	作　者	定价（元）
现代企业管理（第 2 版）（高职高专教材）	李　鹰	42.00
Pro/Engineer Wildfire 4.0（中文版）钣金设计与　焊接设计教程（高职高专教材）	王新江	40.00
Pro/Engineer Wildfire 4.0（中文版）钣金设计与　焊接设计教程实训指导（高职高专教材）	王新江	25.00
应用心理学基础（高职高专教材）	许丽遐	40.00
建筑力学（高职高专教材）	王　铁	38.00
建筑 CAD（高职高专教材）	田春德	28.00
冶金生产计算机控制（高职高专教材）	郭爱民	30.00
冶金过程检测与控制（第 3 版）（高职高专国规教材）	郭爱民	48.00
天车工培训教程（高职高专教材）	时彦林	33.00
工程图样识读与绘制（高职高专教材）	梁国高	42.00
工程图样识读与绘制习题集（高职高专教材）	梁国高	35.00
电机拖动与继电器控制技术（高职高专教材）	程龙泉	45.00
金属矿地下开采（第 2 版）（高职高专教材）	陈国山	48.00
磁电选矿技术（培训教材）	陈　斌	30.00
自动检测及过程控制实验实训指导（高职高专教材）	张国勤	28.00
轧钢机械设备维护（高职高专教材）	袁建路	45.00
矿山地质（第 2 版）（高职高专教材）	包丽娜	39.00
地下采矿设计项目化教程（高职高专教材）	陈国山	45.00
矿井通风与防尘（第 2 版）（高职高专教材）	陈国山	36.00
单片机应用技术（高职高专教材）	程龙泉	45.00
焊接技能实训（高职高专教材）	任晓光	39.00
冶炼基础知识（高职高专教材）	王火清	40.00
高等数学简明教程（高职高专教材）	张永涛	36.00
管理学原理与实务（高职高专教材）	段学红	39.00
PLC 编程与应用技术（高职高专教材）	程龙泉	48.00
变频器安装、调试与维护（高职高专教材）	满海波	36.00
连铸生产操作与控制（高职高专教材）	于万松	42.00
小棒材连轧生产实训（高职高专教材）	陈　涛	38.00
自动检测与仪表（本科教材）	刘玉长	38.00
电工与电子技术（第 2 版）（本科教材）	荣西林	49.00
计算机应用技术项目教程（本科教材）	时　魏	43.00
FORGE 塑性成型有限元模拟教程（本科教材）	黄东男	32.00
自动检测和过程控制（第 4 版）（本科国规教材）	刘玉长	50.00